建筑与市政工程施工现场专业人员继续教育教材

施工机械安全操作

中国建设教育协会继续教育委员会　组织编写
俞宝达　祝　峻　主编

中国建筑工业出版社

图书在版编目（CIP）数据

施工机械安全操作/中国建设教育协会继续教育委员会组织编写. —北京：中国建筑工业出版社，2015.9
建筑与市政工程施工现场专业人员继续教育教材
ISBN 978-7-112-18483-5

Ⅰ.①施… Ⅱ.①中… Ⅲ.①机械设备-安全技术-安全培训-教材 Ⅳ.①TH

中国版本图书馆CIP数据核字（2015）第225427号

为了确保施工机械在建筑施工中安全使用，作者结合实际工程管理经验编写了本书。本书共有11章，具体内容包括：动力与电气装置，起重机械与垂直运输机械，土石方机械，运输机械，桩工机械，混凝土机械，钢筋加工机械，木工机械，地下施工机械，焊接机械和其他设备。本书系统地介绍了建筑施工中施工机械操作前的准备与检查、安全操作要点以及操作后的保养。

本书力求使读者全面掌握建筑机械使用安全操作的具体内容，具有较强的操作性、针对性与实用性，内容覆盖建筑施工中各类施工机械的操作。本书可用作施工现场专业人员继续教育教材，也可供相关专业技术人员参考使用。

责任编辑：朱首明　李　明　李　阳
责任设计：李志立
责任校对：赵　颖　刘　钰

建筑与市政工程施工现场专业人员继续教育教材
施工机械安全操作
中国建设教育协会继续教育委员会　组织编写
俞宝达　祝　峻　主编
*
中国建筑工业出版社出版、发行（北京西郊百万庄）
各地新华书店、建筑书店经销
北京红光制版公司制版
北京君升印刷有限公司印刷
*
开本：787×1092毫米　1/16　印张：9¾　字数：242千字
2016年1月第一版　2016年1月第一次印刷
定价：**26.00**元
ISBN 978-7-112-18483-5
（27710）

建筑与市政工程施工现场专业
人员继续教育教材
编审委员会

参编单位：

中建一局培训中心

北京建工培训中心

山东省建筑科学研究院

哈尔滨工业大学

河北工业大学

河北建筑工程学院

上海建峰职业技术学院

杭州建工集团有限责任公司

浙江赐泽标准技术咨询有限公司

浙江铭轩建筑工程有限公司

华恒建设集团有限公司

序

建筑与市政工程施工现场专业人员队伍素质是影响工程质量、安全、进度的关键因素。我国从20世纪80年代开始，在建设行业开展关键岗位培训考核和持证上岗工作，对于提高建设行业从业人员的素质起到了积极的作用。进入21世纪，在改革行政审批制度和转变政府职能的背景下，建设行业教育主管部门转变行业人才工作思路，积极规划和组织职业标准的研发。在住房和城乡建设部人事司的主持下，由中国建设教育协会主编了建设行业的第一部职业标准——《建筑与市政工程施工现场专业人员职业标准》JGJ/T 250—2011，于2012年1月1日起实施。为推动该标准的贯彻落实，中国建设教育协会组织有关专家编写了考核评价大纲、标准培训教材和配套习题集。

随着时代的发展，建筑技术日新月异，为了让从业人员跟上时代的发展要求，使他们的从业有后继动力，就要在行业内建立终身学习制度。为此，为了满足建设行业现场专业人员继续教育培训工作的需要，继续教育委员会组织业内专家，按照《标准》中对从业人员能力的要求，结合行业发展的需求，编写了《建筑与市政工程施工现场专业人员继续教育教材》。

本套教材作者均为长期从事技术工作和培训工作的业内专家，主要内容都经过反复筛选，特别注意满足企业用人需求，加强专业人员岗位实操能力。编写时均以企业岗位实际需求为出发点，按照简洁、实用的原则，精选热点专题，突出能力提升，能在有限的学时内满足现场专业人员继续教育培训的需求。我们还邀请专家为通用教材录制了视频课程，以方便大家学习。

由于时间仓促，教材编写过程中难免存在不足，我们恳请使用本套教材的培训机构、教师和广大学员多提宝贵意见，以便我们今后进一步修订，使其不断完善。

中国建设教育协会继续教育委员会

2015年12月

前　言

近年来，随着我国建筑业的迅猛发展，施工机械在建筑施工中的应用越来越广泛，是关系工程质量、进度和效益的关键环节。在火热的发展背后，很容易忽视对施工机械设备自身安全操作问题。在我国近些年的由工程机械设备造成的事故中，多是人为操作不当或机械设备维护保养不当所引起的。由于在具体的操作过程中违反了设备的安全操作，使得设备隐患大增，从而不可避免地导致事故的发生。因此在现阶段，各个建筑施工企业不仅要有质量过硬的施工机械，同时还需要完善、规范的施工机械安全操作依据，供操作人员严格依照执行，按照操作流程操作以最大限度地减少事故的发生。

为了确保施工机械在建筑施工中安全使用，作者结合实际工程管理经验编写了本书。本书共有11章，具体内容包括：动力与电气装置，起重机械与垂直运输机械，土石方机械，运输机械，桩工机械，混凝土机械，钢筋加工机械，木工机械，地下施工机械，焊接机械和其他设备。本书系统地介绍了建筑施工中施工机械操作前的准备与检查、安全操作要点以及操作后的保养。

本书力求使读者全面掌握建筑机械使用安全操作的具体内容，具有较强的操作性、针对性与实用性，内容覆盖建筑施工中各类施工机械的操作。本书可用作施工现场专业人员继续教育教材，也可供相关专业技术人员参考使用。

本书由浙江铭轩建筑工程有限公司俞宝达和杭州之江国家旅游度假区建设工程质量安全监督站祝峻担任主编，由大荣建设集团有限公司潘伟峰、浙江祥生建设工程有限公司孙伯儒、浙江工程建设监理公司叶丽宏、浙江大学城市学院陈春来担任副主编。

本书编写过程中参考了有关作者的著作，在此表示深深的谢意。

本书内容虽经过广泛收集、反复推敲，但仍有可能不够全面，难免有疏漏之处，敬请广大读者批评、指正。

目　　录

一、动力与电气装置

（一）内燃机

1. 内燃机使用前的准备与检查

为保证内燃机正确启动和运转，在内燃机作业前必须按照以下要求进行检查：

（1）曲轴箱内润滑油油面在标尺规定范围内；

（2）冷却系统水量充足、清洁、无渗漏，风扇三角胶带松紧合适；

（3）燃油箱油量充足，各油管及接头处无漏油现象；

（4）各总成连接件安装牢固，附件完整、无缺。

2. 内燃机使用安全操作要点

（1）内燃机启动前后

1）内燃机启动前，离合器应处于分离位置，有减压装置的柴油机，应先打开减压阀。

2）用小发动机启动柴油机时，每次启动时间不得超过5min。用直流起动机启动时，每次不得超过10s。用压缩空气启动时，应将飞轮上的标志对准起动位置。当连续进行3次仍未能启动时，应检查原因，排除故障后再启动。

3）用摇柄启动汽油机时，由下向上提动，严禁向下硬压或连续摇转，启动后应迅速拿出摇把。用手拉绳启动时，不得将绳的一端缠在手上。

4）启动后，应低速运转3～5min，此时，机油压力、排气管排烟应正常，各系统管路应无泄漏现象；待温度和机油压力均正常后，方可开始作业。

（2）内燃机作业中

1）作业中内燃机温度过高时，不应立即停机，应继续怠速运转降温。当冷却水沸腾需开启水箱盖时，操作人员应戴手套，面部必须避开水箱盖口，严禁用冷水注入水箱或泼浇内燃机体强制降温。

2）当内燃机运行中出现异响、异味、水温急剧上升及机油压力急剧下降等情况时，应立即停机检查并排除故障。

3）防止柴油机发生突爆，应选用十六烷值较高的柴油，并适当提前供油角，使着火落后期缩短。保持柴油机在正常温度和适宜的转速、负荷下工作，可防止或减轻突爆。

4）防止柴油机发生飞车，应经常检查柴油机的加油齿杆，防止卡住、咬死。如发生飞车，应迅速挂低速挡制动使柴油机熄火；或关闭柴油开关，同时打开排除空气开关，停止供油。

5）正确停机：

① 停机前应先逐渐减荷，降低转速，卸荷后怠速运转3～5min，待水温降至60～70℃以下时再停机。停机前，不允许突然加大油门等无益的操作；

② 有减压装置的内燃机，不得使用减压杆进行熄火停机；

③ 排气管向上的内燃机，停机后应在排气管口上加盖；

④ 停机后，应进行检查、清洁。注意柴油箱燃油不得放尽，以免空气进入供油系统。在夏季或热带地区工作时应注意避免冷却系统的过热，要经常检查皮带的松紧程度，防止皮带松弛、打滑，影响冷却效果。

6）柴油机在寒冷季节使用时的注意事项：

① 当室外温度低于5℃时，在室外运行的水冷式柴油机停止使用后，应及时放尽机体存水。放水时应待水温降到50～60℃时进行，柴油机应处于水平状态时拧开水箱盖并打开缸体、水泵、水箱等所有放水阀，确保放尽存水。

② 根据当时柴油机工作的环境温度选用正确牌号的柴油和机油。

③ 冷却液按规定必须使用防冻液，防冻液应具有防冻、防止积水垢、防止冷却系统零件气蚀和防止冷却系统零件腐蚀等作用。

④ 在没有保温设施的情况下启动柴油机，应将水加热到60～80℃时再加入柴油机冷却系统，并可用喷灯加热进气歧管。不允许用拖顶机械的方法启动柴油机。

⑤ 无预热装置的柴油机，可在工作完毕后，将曲轴箱内润滑油趁热放出存入清洁容器，启动时再将容器加温到70～80℃后将油加入曲轴箱。

⑥ 柴油机启动用的蓄电池，应保持电解液相对密度不低于1.25，发电机电流应调整到15A以上。

7）如柴油机发生“开锅”，切勿立即停车或加注冷却水，而应怠速运行几分钟，待冷却水降温至适当温度后方可停车。否则因温度变化过快，容易产生缸盖或机体变形、开裂等故障。检查开锅是否因气阻等原因造成。

3. 内燃机的维护保养

（1）内燃机的正确保养，特别是预防性的保养，是成本最低、劳动强度最低的保养，也是延长使用寿命和降低使用成本的关键。因此，需根据内燃机使用过程中所反映的情况和保养计划，及时对内燃机进行维护保养。无论进行何种保养，都应有计划、有步骤地进行拆检和安装，并合理地使用工具；用力要适当，解体后的各零部件表面应保持清洁，并涂上防锈油或油脂以防止生锈；注意可拆零件的相对位置，不可拆零件的结构特点，以及装配间隙和调整方法。同时应保持内燃机及附件的清洁完整。

（2）维修保养的主要内容是查燃油箱燃油；检查油底壳中机油平面；检查喷油泵调速器机油平面；检查三漏（水、油、气）情况；检查机器附件的安装情况；检查各仪表；检查喷油泵传动连接盘；清洁内燃机及附属设备外表；检查蓄电池电压和电解液比重；检查三角橡胶带的张紧程度；清洗机油泵吸油粗滤网；清洗空气滤清器；清洗通气管内的滤芯；清洗燃油滤清器；清洗机油滤清器；清洗涡轮增压器的机油滤清器及进油管等。

（二）发电机

1. 发电机使用前的准备与检查

（1）作业前需要分清发电机类型，如果是以内燃机为动力的发电机，其内燃机部分的操作按内燃机的有关规定执行。

（2）新装、大修或停用10d以上的发电机，使用前应测量定子和励磁回路的绝缘电阻以及吸收比，转子绕组的绝缘电阻不得低于0.5MΩ，吸收比不小于1.3，并应做好测量记录。

（3）作业前检查内燃机与发电机传动部分，应连续可靠，输出线路的导线绝缘良好，各仪表齐全、有效。

2. 发电机使用安全操作要点

（1）启动前将励磁变阻器的阻值放在最大位置上，断开供电输出总开关，接合中性点接地开关，有离合器的发电机组应脱开离合器。内燃机启动后应空载运转，待运转正常后再接合发电机。

（2）启动后检查发电机在升速中应无异响，滑环及整流子上电刷接触良好，无跳动及冒火花现象。待运转稳定，频率、电压达到额定值后，方可向外供电。载荷应逐步增大，三相应保持平衡。

（3）发电机在运转时，即使未加励磁，亦应认为带有电压。禁止对旋转着的发电机进行维修、清理。运转中的发电机不得使用帆布等物遮盖。

（4）发电机组电源必须与外电线路电源联锁，严禁并列运行。

（5）发电机并联运行必须满足频率、电压、相位、相序相同的条件。

（6）并联线路两组以上时，必须全部进入空载状态后方可逐一供电。准备并联运行的发电机必须都已进入正常稳定运转，接到“准备并联”的信号后，调整柴油机转速，在同步瞬间合闸。

（7）并联运行的柴油机如因负荷下降而需停车一台，应先将需要停车的一台发电机的负荷，全部转移到继续运转的发电机上，然后按单台发电机停车的方法进行停机。如需全部停车则先将负荷切断，然后停机。

（8）移动式发电机，使用前必须将底架停放在平稳的基础上，运转时严禁移动。

（9）发电机连续运行的最高和最低允许电压值不得超过额定值的±10%。其正常运行的电压变动范围应在额定值的±5%以内，功率因数为额定值时，发电机额定容量应不变。

（10）发电机在额定频率值运行时，其变动范围不得超过±0.5Hz。

（11）发电机功率因数不得超过迟相（滞后）0.95。有自动励磁调节装置的，可在功率因数为1的条件下运行，必要时可允许短时间在迟相0.95～1的范围内运行。

（12）发电机运行中应经常检查并确认各仪表指示及各运转部分正常，并应随时调整发电机的载荷。定子、转子电流不得超过允许值。

（13）停机前应先切断各供电分路主开关，逐步减少载荷，然后切断发电机供电主开关，将励磁变阻器复回到电阻最大值位置，使电压降至最低值，再切断励磁开关和中性点接地开关，最后停止内燃机运转。

3. 发电机的维护保养

（1）发电机在使用中要做好保养与维护，定期进行检查。特别是冬季，在北方更要注意发电机的防冻问题。

（2）发电机经检修后必须仔细检查转子及定子槽间有无工具、材料及其他杂物，以免运转时损坏发电机；以及各个部位的螺栓是否有松动的迹象，都是要及时发现进行维修的。除此之外，对于发电机内部机油要随时检测，对于没有达到一定平面的，必须要及时进行添加，以保证发电机的正常运行。

（3）发电机油箱内的油以及水箱内的水都要保证充足，同时要检测油与水两路的各个接头。在检测的过程中也不能忽略对进气管以及排气管的检测，小到所用的密封垫片，大到整个机房的整洁。

（4）各种配电箱、开关箱应配备安全锁，电箱门上应有编号和责任人，电箱门内侧有线路图，箱内不得存放任何其他物件并应保持清洁。非本岗位作业人员不得擅自开箱合闸。每班工作完毕后，应切断电源，锁好箱门。

（5）对于一些特别重要设备的发电机，在有必要的时候要及时更换。包括当中的各个重要部件，这些都是最基本的日常保养。

（三）电动机

1. 电动机使用前的准备与检查

1）测量电压；

2）测量电流；

3）是否有异响；

4）是否有振动；

5）检测发热情况；

6）电机风扇运转情况；

7）电机正反转情况，一般情况下，从轴向看，逆时针方向为正转。

（1）直流电动机使用前的检查

1）直流电动机的接线。直流电动机的接线一定要正确，并保证接线牢固可靠；否则会引起事故。串、并励直流电动机内部接线关系以及在接线板出线端的标记。

2）熟悉电动机的各项技术参数的含义。

3）清扫电动机内外灰尘和杂物。

4）拆除与电动机连接的所有多余的接线。用兆欧表测量绕组对机壳的绝缘电阻，若绝缘电阻小于0.5MΩ，就应进行干燥处理。

5）检查换向器表面是否光洁，如发现有烧痕或机械损伤，应进行研磨或车削处理。

6）检查电刷与换向器的接触情况和电刷磨损情况，如发现接触不够紧密或电刷太短，应调整电刷压力或更换电刷。

（2）交流电动机使用前检查

1）了解电动机铭牌所规定的事项。

2）电动机是否适应安装条件、周围环境和保护形式。

3）检查接线是否正确，机壳是否接地良好。

4）检查配线尺寸是否正确，接线柱是否有松动现象，有无接触不良的地方。

5）检查电源开关，熔断器的容量、规格与继电器是否配套。

6）检查传动带的张紧力，是否偏大或偏小；同时要检查安装是否正确，有无偏心。

7）用手或工具转动电动机的转轴，是否转动灵活，添加的润滑油量和材质是否正确。

8）集电环表面和电刷表面是否脏污，检查电刷压力，电刷在刷握内活动情况以及电刷短路装置的动作是否正常。

9）测试绝缘电阻。

10）检查电动机的启动方法。

2. 电动机安全操作要点

电动机启动后，首先检查是否单相运行（听声音），旋转的方向是否符合机械的要求（有无机械扭力过大，堵转声音）。检查三相电流是否平衡（用卡钳表），其次检查电动机表面温度是否升高过快等。

（1）直流电动机安全操作要点

1）运行中观察刷火情况。加强日常维护检查，是保证电动机安全运行的关键，运行维护人员首先应观察电动机刷火变动情况。

2）换向器表面状态的检查。刷火的变化，同时会引起换向器表面状态的变化。正常的换向器表面因有氧化膜存在，呈现古铜色，颜色分布均匀，有光泽。

3）电刷工作的检查。对于换向正常的电动机，电刷与换向器表面接触的电刷工作面应呈现平滑、明亮的“镜面”。

4）通风冷却系统的检查。通风冷却系统出现故障时会使电动机温升增高。要求详细检查过滤器是否堵塞，电动机通风管是否堵塞，电动机内部灰尘是否影响电动机散热，冷却水是否正常，有无漏水现象发生。要求冷却水的水压不低于 9.8×10^4Pa，进水温度不超过 25℃，出口水温差不得超过 10℃。

5）润滑系统的检查。检查轴承温升，当环境温度在 35℃以下时，滚动轴承温升为 60℃，滑动轴承为 45℃。要求轴承无渗、漏油现象。

6）电动机振动的检查。直流机振动标准值见表 1-1，不可超过此表允许的范围。

直流电动机在额定转速下的允许振动值 **表 1-1**

电动机转速（r/min）	容许双振幅（mm）	电动机转速（r/min）	容许双振幅（mm）
500	0.16	1500	0.08
600	0.14	2000	0.07
750	0.12	2500	0.06
1000	0.10	3000	0.05

7）按电动机容量、转速和振动值，据表 1-2 判别电动机运行时的振动情况是否良好。

判别电动机振动值优劣情况 **表 1-2**

电动机规格	最好	好	允许
100kW 以上 1000r/min	0.04	0.07	0.10
100kW 以上 1500r/min	0.03	0.05	0.09
100kW 以上 1500～3000r/min	0.01	0.03	0.05

① 必须先接通励磁电源，有励磁电流存在，而后再接通电枢电压。

② 在启动电动机时要采取限制启动电流的措施，使启动电流控制在额定电流的1.5～2倍。

③ 采用手动方式调节外施电枢电压 u 时，u 值不能升得太快，否则电枢电流会发生较大的冲击，所以要小心调节。

④ 要保证必需的启动转矩，启动转矩不可过大或过小。

⑤ 分级启动时，控制附加电阻值，使每一级最大电流和最小电流大小一致。

（2）交流电动机安全操作要点

1）操作人员要站立在刀闸一侧，避开机组和传动装置，防止衣服和头发卷入旋转机械。

2）合闸要迅速果断，合闸后发现电动机不转或旋转缓慢、声音异常时，应立即拉闸，停电检查。

3）使用同一台变压器的多台电动机，要由大到小逐一启动，不可几台同时合闸。

4）一台电动机连续多次启动时，要保持一定的时间间隔，连续启动一般不超过3～5次，以免电动机过热烧毁。

5）使用双闸刀启动、星三角启动或补偿启动器启动时，必须按规定顺序操作。

6）启动后的检查：

① 检查电动机的旋转方向是否正确；

② 在启动加速过程中，电动机有无振动和异响；

③ 启动电流是否正常，电压降大小是否影响周围电气设备正常工作；

④ 启动时间是否正常；

⑤ 负载电流是否正常，三相电压电流是否平衡；

⑥ 启动装置是否正确；

⑦ 冷却系统和控制系统动作是否正常。

7）运转体的检查：

① 有无振动和噪声；

② 有无臭味和冒烟现象；

③ 温度是否正常，有无局部过热；

④ 电动机运转是否稳定；

⑤ 三相电流和输入功率是否正常；

⑥ 三相电压、电流是否平衡，有无波动现象；

⑦ 有无其他方面的不良因素；

⑧ 传动带是否振动打滑。

3. 电动机的维护和保养

（1）各种配电箱、开关箱应配备安全锁，电箱门上应有编号和责任人，电箱门内侧有线路图，箱内不得存放任何其他物件并应保持清洁。非本岗位作业人员不得擅自开箱合闸。每班工作完毕后，应切断电源，锁好箱门。

（2）日常维护保养：对减少和避免电动机在运行中发生故障是相当重要的，其中最重要的环节是巡回检查和及时排除任何不正常现象的引发根源。出现事故后认真进行事故分析采取对策，则是减少事故次数和修理停歇台时提高电动机运行效率必不可少的技术工作。电动机的日常维护对其正常运行固然非常重要，但运行中的电动机往往会遇到许多突发情况，如短路、过载、断相等，为了使电动机在出现这些情况的条件下不至于被损坏，必须采取一些运行保护措施。

1）保持电动机清洁，电动机内部不允许进入水珠、油污、灰尘等，并定期清除电动机内外的灰尘。

2）注意负载电流不要超过额定值。注意检查轴承发热，漏油等情况尤其要按规定加注润滑油、脂。

3）电动机的温升不能超过额定值（轴承温升小于60℃，或不大于环境温度40℃）。

（3）定期维护和保养：为了保证电动机正常工作，除了按操作规程正常使用、运行过程中注意正常监视和维护外，还应该进行定期检查，做好电动机维护保养工作。这样可以及时消除一些毛病，防止故障发生，保证电动机安全可靠地运行。定期维护的时间间隔可根据电动机的形式和使用环境决定。

定期维护保养的内容如下：

1）清擦电动机。及时清除电动机机座外部的灰尘、油泥。如使用环境灰尘较多，最好每天清扫一次。

2）检查和清擦电动机接线端子。检查接线盒接线螺丝是否松动、烧伤。

3）检查各固定部分螺栓，包括地脚螺栓、端盖螺栓、轴承盖螺栓等。将松动的螺母拧紧。

4）检查传动装置、检查皮带轮或联轴器有无裂纹、损坏，安装是否牢固；皮带及其联结扣是否完好。

5）电动机的启动设备，也要及时清擦外部灰尘、泥垢，擦拭触头，检查各接线部位是否有烧伤痕迹，接地线是否良好。

6）轴承的检查与维护。轴承在使用一段时间后应该清洗，更换润滑脂或润滑油。清洗和换油的时间，应随电动机的工作情况，工作环境，清洁程度，润滑剂种类而定，一般每工作3～6个月，应该清洗一次，重新换润滑脂。根据电动机级数更换润滑剂（定时更换时：2级电动机每三月一次，4级、6级电动机每半年一次，8级电动机每年一次）。油温较高时，或者环境条件差、灰尘较多的电动机要经常清洗、换油。

7）绝缘情况的检查。绝缘材料的绝缘能力因干燥程度不同而异，所以检查电动机绕组的干燥是非常重要的。电动机工作环境潮湿、工作间有腐蚀性气体等因素存在，都会破坏电绝缘。最常见的是绕组接地故障，即绝缘损坏，使带电部分与机壳等不应带电的金属部分相碰，发生这种故障，不仅影响电动机正常工作，还会危及人身安全。所以，电动机在使用中，应经常检查绝缘电阻，还要注意查看电动机机壳接地是否可靠。

8）除了按上述几项内容对电动机进行定期维护保养外，运行一年后要大修一次。大修的目的在于，对电动机进行一次彻底、全面的检查、维护，增补电动机缺少、磨损的元件，彻底消除电动机内外的灰尘、污物，检查绝缘情况，清洗轴承并检查其磨损情况。发现问题，及时处理。

（4）一般来说，只要使用正确，维护保养得当，发现故障及时处理，电动机的工作寿命是很长的。

（四）空气压缩机

1. 空气压缩机使用前的准备与检查

（1）空气压缩机的内燃机和电动机的使用应符合本规程内燃机和电动机的规定。

（2）空气压缩机作业区应保持清洁和干燥。贮气罐应放在通风良好处，距贮气罐15m以内不得进行焊接或热加工作业。

（3）空气压缩机的进排气管较长时，应加以固定，管路不得有急弯；对较长管路应设伸缩变形装置。

（4）贮气罐和输气管路每三年应作水压试验一次，试验压力应为额定压力的150%。压力表和安全阀应每年至少校验一次。

（5）空气压缩机作业前应重点检查以下项目，并应符合下列要求：

1）内燃机燃、润油料均添加充足，电动机电源正常；

2）各连接部位紧固，各运动机构及各部阀门开闭灵活，管路无漏气现象；

3）各防护装置齐全良好，贮气罐内无存水；

4）电动空气压缩机的电动机及启动器外壳接地良好，接地电阻不大于4Ω。

（6）空气压缩机应在无载状态下启动，启动后低速空运转，检视各仪表指示值符合要求，运转正常后，逐步进入载荷运转。

（7）输气胶管应保持畅通，不得扭曲，开启送气阀前，应将输气管道连接好，并通知现场有关人员后方可送气。在出气口前方，不得有人工作或站立。

2. 空气压缩机使用安全操作要点

（1）作业中贮气罐内压力不得超过铭牌额定压力，安全阀应灵敏有效。进、排气阀、轴承及各部件应无异响或过热现象。

（2）每工作2h，应将液气分离器、中间冷却器、后冷却器内的油水排放一次。贮气罐内的油水每班应排放1～2次。

（3）正常运转后，应经常观察各种仪表读数，并随时按使用说明书予以调整。

（4）发现下列情况之一时应立即停机检查，找出原因并排除故障后，方可继续作业：

1）漏水、漏气、漏电或冷却水突然中断；

2）压力表、温度表、电流表、转速表指示值超过规定；

3）排气压力突然升高，排气阀、安全阀失效。

（5）机械有异响或电动机电刷发生强烈火花。

（6）安全防护、压力控制装置及电气绝缘装置失效。

（7）运转中，在缺水而使气缸过热停机时，应待气缸自然降温至60℃以下时，方可加水。

（8）当电动空气压缩机运转中突然停电时，应立即切断电源，等来电后重新在无载荷状态下启动。

（9）停机时，应先卸去载荷，然后分离主离合器，再停止内燃机或电动机的运转。

（10）停机后，应关闭冷却水阀门，打开放气阀，放出各级冷却器和贮气罐内的油水和存气，方可离岗。

3. 空气压缩机的维护和保养

（1）空气压缩机过滤消声器要定期清洗，正常环境下每月清洗一次，如环境粉尘较多，则应适当提前清洗。维护时，将过滤消声器打开，浸到金属洗涤剂中彻底清洗（纸质滤芯用毛刷刷清并用压缩空气吹净），累计工作 500h 应更换消声器。

（2）曲轴箱内的压缩机油要定期更换（注意：应在停车后进行），新启用的压缩机，使用满一周后应换油，以后每运行 400～500h 更换一次。具体做法是：打开放油管帽，排掉箱内污油，然后打开侧盖，将曲轴箱内的沉淀物清洗干净，最后装上放油管帽和侧盖，再从注油孔注入干净的压缩机专用润滑油至规定油位。

（3）时常检查各紧固件和各管路接头，防止松动、漏气；定期检查安全阀、压力表、压力调节器的灵敏度和可靠性；注意安全法的气孔，千万不要堵塞。

（4）每年对主机进行一次全面的维护保养，清洗气阀部件，除去油污积炭，验证阀片是否平整，检查各主要运动部件的配合间隙（若磨损过大，将影响机器的性能）。

（五）10kV 以下配电装置

1. 10kV 以下配电装置使用前的准备与检查

（1）高压油开关的瓷套管应保证完好，油箱无渗漏，油位、油质正常；

（2）合闸指示器位置正确，传动机构灵活可靠；

（3）并应定期对触头的接触情况、油质、三相合闸的同期性进行检查；

（4）停用或经修理后的高压油开关，在投入运行前应全面检查，在额定电压下作合闸、跳闸操作各三次，其动作应正确可靠。

2. 10kV 以下配电装置使用安全操作要点

（1）在施工现场专用的中性点直接接地的电力线路中必须采用 TN-S 接零保护系统。施工现场所有设备的金属外壳必须与专用保护零线连接。

（2）施工现场低压供电线路的干线和分支线的终端，以及沿线每 1km 处的保护零线应作重复接地；配电室或总配电箱的保护零线以及塔式起重机的行走轨道均应作重复接地。重复接地的接地电阻值不应大于 10Ω。

（3）施工现场低压电力线路网必须采用两级漏电保护系统，即第一级的总电源（总配电箱）保护和第二级的分电源（分配电箱或开关箱）保护，其额定漏电动作电流和额定漏电动作时间应合理配合，并应具有分级分段保护的功能。

（4）漏电保护器应按产品使用说明书的规定安装、使用和定期检查，确保动作灵敏、运行可靠、保护有效。

（5）配电箱或开关箱内的漏电保护器的额定漏电动作电流不应大于 30mA，额定漏电动作时间应小于 0.1s；使用于潮湿或有腐蚀介质场所的漏电保护器应采用防溅型产品，其额定漏电动作电流不应大于 15mA，额定漏电动作时间应小于 0.1s。

（6）施工现场电动建筑机械或手持电动工具的载荷线，必须按其容量选用无接头的铜芯橡皮护套软电缆。其中绿、黄双色线在任何情况下只可用作保护零线或重复接地线。

(7) 在易燃、易爆、有腐蚀性气体的场所应采用防爆型低压电器；在多尘和潮湿或易触及人体的场所应采用封闭型低压电器。

(8) 各种熔断器的额定电流必须按规定合理选用。严禁在现场利用铁丝、铝丝等非专用熔丝替代。熔断器具有在一定温度下被烧断的特性，在电路中起着过载和短路的保护作用，如果熔断器的熔点选择不当或用其他金属丝代替，由于熔点不同，当电路中出现过载或短路时不能及时熔断而失去保护作用。

(9) 施工现场的各种配电箱、开关箱必须有防雨设施，并应装设端正、牢固。固定式配电箱、开关箱的底部与地面的垂直距离应为1.3～1.5m，移动式配电箱、开关箱的底部与地面的垂直距离宜在0.6～1.5m。

(10) 每台电动建筑机械应有各自专用的开关箱，必须实行“一机一闸”制。开关箱应设在机械设备附近。

(11) 各种电源导线严禁直接绑扎在金属架上。

(12) 架空导线的截面应满足安全载流量的要求，且电压损失不应大于5%。同时，导线的截面应满足架空强度要求，绝缘铝线截面不得小于16mm²，绝缘铜线截面不得小于10mm²。施工现场导线与地面直接距离应大于4m；导线与建筑物或脚手架的距离应大于4m。

(13) 配电箱电力容量在15kW以上的电源开关严禁采用瓷底胶木刀型开关。4.5kW以上电动机不得用刀型开关直接启动。各种刀型开关应采用静触头接电源，动触头接载荷，严禁倒接线。

(14) 照明采用的电压等级应符合下列要求：

1) 一般场所为220V；

2) 隧道、人防工程、有高温、导电灰尘或灯具离地面高度低于2.4m等场所不大于36V；

3) 在潮湿和易触及带电体场所不大于24V；

4) 在特别潮湿的场所、导电良好的地面、锅炉或金属容器内不大于12V。

(15) 照明变压器必须使用双绕组型，严禁使用自耦变压器。

(16) 使用移动发电机供电的用电设备，其金属外壳或底座，应与发电机电源的接地装置有可靠的电气连接。

(17) 电压400V/230V的自备发电机组电源应与外电线路电源联锁，严禁并列运行供电。发电机组应设置短路保护和过载荷保护。

3. 10kV以下配电装置的维护和保养

(1) 施工电源及高低压配电装置应设专职值班人员负责运行与维护，高压巡视检查工作不得少于两人，每半年应进行一次停电检修和清扫。

(2) 隔离开关应每季检查一次，瓷件应无裂纹及放电现象；接线柱和螺栓应无松动；刀型开关应无变形、损伤，接触应严密。三相隔离开关各相动触头与静触头应同时接触，前后相差不得大于3mm，打开角应不小于60°。

(3) 避雷装置在雷雨季节之前应进行一次预防性试验，并应测量接地电阻。雷电后应检查阀型避雷器的瓷瓶、连接线和地线均应完好无损。

（4）周围不得存放易燃易爆物品、污源和腐蚀介质，否则应予清除或做防护处置，其防护等级必须与环境条件相适应。

（5）低压电气设备和器材的绝缘电阻不得小于0.5MΩ。

（6）在易燃、易爆、有腐蚀性气体的场所应采用防爆型低压电器；在多尘和潮湿或易触及人体的场所应采用封闭型低压电器。

二、起重机械与垂直运输机械

（一）履带式起重机

1. 履带式起重机操作前的准备与检查

（1）起重机应在平坦坚实的地面上作业、行走和停放。在正常作业时，坡度不得大于3°，并应与沟渠、基坑保持一定的安全距离，安全距离一般视沟渠、基坑深度及其围护情况、地质条件等综合确定。

（2）起重机启动前应重点检查下列项目：

1）各安全防护装置完好；

2）各指示仪表完好；

3）钢丝绳及连接部位符合安全规定；

4）燃油、润滑油、液压油、冷却水等添加充足；

5）各连接件无松动。

2. 履带式起重机使用安全操作要点

（1）起重机启动前应将主离合器分离，各操纵杆放在空挡位置，并应按照规定启动内燃机。内燃机启动后，应检查各仪表指示值，待运转正常再接合主离合器，进行空载运转，顺序检查各工作机构及其制动器，确认正常后，方可作业。

（2）作业时，起重臂的最大仰角不得超过出厂规定。当无资料可查时，不得超过78°。

（3）起重机变幅应缓慢平稳，严禁在起重臂未停稳前变换挡位；起重机载荷达到额定起重量的90％及以上时，严禁下降起重臂。

（4）在起吊载荷达到额定起重量的90％及以上时，升降动作应慢速进行，并严禁同时进行两种及以上动作。

（5）起吊重物时应先稍离地面试吊，当确认重物已挂牢，且起重机的稳定性和制动器的可靠性均良好，再继续起吊。在重物升起过程中，操作人员应把脚放在制动踏板上，密切注意起升重物，防止吊钩冒顶。当起重机停止运转而重物仍悬在空中时，即使制动踏板被固定，仍应脚踩在制动踏板上。

（6）采用双机抬吊作业时，应选用起重性能相似的起重机进行。抬吊时应统一指挥，动作应配合协调，载荷应分配合理，单机的起吊载荷不得超过允许载荷的80％。在吊装过程中，两台起重机的吊钩滑轮组应保持垂直状态。

（7）当起重机需带载行走时。载荷不得超过允许起重量的70％。行走道路应坚实平整，重物应在起重机正前方向，重物离地面不得大于500mm，并应拴好拉绳，缓慢行驶。严禁长距离带载行驶。

(8) 起重机行走时，转弯不应过急；当转弯半径过小时，应分次转弯；当路面凹凸不平时，不得转弯。

(9) 起重机上下坡道时应无载行走。上坡时应将起重臂仰角适当放小，下坡时应将起重臂仰角适当放大。严禁下坡空挡滑行。

(10) 作业后，起重臂应转至顺风方向，并降至40°～60°之间，吊钩应提升到接近顶端的位置，应关停内燃机，将各操纵杆放在空挡位置，各制动器加保险固定，操纵室和机棚应关门加锁。

(11) 起重机转移工地，应采用平板拖车运送。特殊情况需自行转移时，应卸去配重，拆短起重臂，主动轮应在后面，机身、起重臂、吊钩等必须处于制动位置，并应加保险固定。每行驶500～1000m时，应对行走机构进行检查和润滑。

(12) 起重机通过桥梁、水坝、排水沟等构筑物时，必须先查明允许荷载后再通过。必要时应对构筑物采取加固措施。通过铁路、地下水管、电缆等设施时，应铺设木板保护，并不得在上面转弯。

(13) 用火车或平板拖车运输起重机时，所用跳板的坡度不得大于15°；起重机装上车后，应将回转、行走、变幅等机构制动，并采用三角木楔紧履带两端，再固绑扎；后部配重用枕木垫实，不得使吊钩悬空摆动。

3. 履带式起重机的维护和保养

(1) 例行保养

1) 检查柴油机的机油量：38L柴油机油；

2) 检查散热器水量：冷却液85L (净水或防冻液)；

3) 检查风扇皮带、曲轴皮带张紧情况：风扇皮带能按下20mm为宜，曲轴皮带按下7mm为宜；

4) 检查各类仪表读数情况：有效正确；

5) 检查燃油箱、液压油箱：燃油箱容量 (400L)，液压油箱容量 (600L)；

6) 检查各减速箱润滑油是否适合情况：无漏油；

7) 检查液压管情况：无漏油；

8) 检查履带张紧情况：符合要求；

9) 检查起重臂、滑轮、吊钩、钢丝绳情况：无损伤无变形；

10) 检查安全装置、报警装置、操作装置情况：灵敏有效；

11) 检查钢丝绳使用情况：润滑良好、磨损不大于公称直径的7%、断丝符合《起重机钢丝绳保养、维护、安装、检验和报废》GB/T 5972—2009规定；

12) 检查各部件连接情况：无松动、无脱落；

13) 清洁操作室，机室及发动机外表达到无杂物、油污状态。

(2) 一级保养 (工作100h进行)

1) 完成例行保养全部内容；

2) 清洗发动机空气滤芯、柴油滤芯、机油滤芯无杂物，不堵塞；

3) 更换散热器冷却水；

4) 检查蓄电池液量：液面高出极板10～15mm；

5) 检查液压油油质必要时过滤或更新；

6）检查离合器、制动器情况：无裂痕、变形，调整符合要求、动作灵活；

7）检查起升、回转、行走机构工作：运转平稳、无异响；

8）进行各部润滑：按润滑周期表要求进行；

9）检查紧固重要部件的连接情况：无脱落、无松动；

10）检查电气线路情况：不松动、不破损、不短路。

（3）二级保养（工作300h进行）

1）完成一级保养全部内容；

2）检查各减速箱润滑油：按润滑周期表进行；

3）检查调整离合器、制动器间隙：调整均匀，间隙为0.5～0.8mm；

4）检查调整气门间隙可参考修理手册；

5）检查调整喷油器压力可参考修理手册；

6）检查钢结构情况：无裂纹、无变形、固定牢靠；

7）检查回转机构齿圈情况：无裂纹、表面平滑、啮合良好。

（4）三级保养（工作3200h进行）

1）完成二级保养全部内容；

2）清洗冷却系统时，用150g氢氧化钠（NaOH）和1L水溶液将冷却系统灌满，停留8～12h，起动发动机待水温达75℃放尽；

3）检查维修汽缸盖组件修复气门、气门座，检查气门弹簧、导管、摇臂，研磨气门、更换易损件；

4）检查维修曲轴连杆机构曲轴瓦、连杆瓦、活塞环、活塞销间隙符合要求，必要时更换；

5）检查维修传动供油系统各齿轮啮合良好，供油提前角度正确，校验高压油泵、喷油器；

6）检查机油泵、水泵，更换易损件进行检测流量；

7）检查维修减速箱，解体检查清洗，更换易损件；

8）检查行走机构：支重轮、导向轮、驱动轮磨损不超标，履带不变形；

9）检查液压系统，更换老化油管和密封垫；

10）检查维修制动器，制动带磨损超过40%应更新；

11）检查维修滑轮组及卷筒轴与套间隙、外部磨损不超标；

12）检修电气系统，更换老化仪器仪表；

13）检查保养钢结构，校正部件、局部补漆。

（二）汽车、轮胎式起重机

1. 轮胎式起重机使用前的准备与检查

（1）起重吊装的指挥人员必须持证上岗。操作人员应按照指挥人员的信号进行作业，当信号不清或错误时，操作人员可拒绝执行。

（2）起重机行驶和工作的场地应保持平坦坚实，并应与沟渠、基坑保持安全距离。

（3）起重机启动前重点检查项目应符合下列要求：

1）各安全保护装置完好；

2）各指示仪表完好；

3）钢丝绳及连接部位符合规定；

4）燃油、润滑油、液压油及冷却水添加充足；

5）各连接件无松动；

6）轮胎气压符合规定。

2. 轮胎式起重机使用中的安全操作要点

（1）起重机启动前，应将各操纵杆放在空挡位置，手制动器应锁死，并应按照规定启动内燃机。启动后，应怠速运转，检查各仪表指示值，运转正常后接合液压泵，待压力达到规定值，油温超过30℃时，方可开始作业。

（2）作业前，应全部伸出支腿，并在撑脚板下垫方木，调整机体使回转支承面的倾斜度在无载荷时不大于1/1000（水准泡居中）。支腿有定位销的必须插上。底盘为弹性悬挂的起重机，放支腿前应先收紧稳定器（轮胎气压应符合规定。行驶时水温应在80～90℃范围内，水温未达到80℃时，不得高速行驶）。

（3）作业中严禁扳动支腿操纵阀。调整支腿必须在无载荷时进行，并将起重臂转至正前或正后方可再行调整。

（4）应根据所吊重物的重量和提升高度，调整起重臂长度和仰角，并应估计吊索和重物本身的高度，留出适当空间。

（5）起重臂伸缩时，应按规定程序进行，在伸臂的同时应相应下降吊钩。当限制器、发出警报时，应立即停止伸臂。起重臂缩回时，仰角不宜太小。

（6）起重臂伸出后，出现前节臂杆的长度大于后节伸出长度时，必须进行调整，消除不正常情况后，方可作业。

（7）起重臂伸出后，或主副臂全部伸出后，变幅时不得小于各长度所规定的仰角。

（8）汽车式起重机起吊作业时，汽车驾驶室内不得有人，重物不得超越驾驶室上方，且不得在车的前方起吊。

（9）采用自由（重力）下降时，载荷不得超过该工况下额定起重量的20%，并应使重物有控制地下降，下降停止前应逐渐减速，不得使用紧急制动。

（10）起吊重物达到额定起重量的50%及以上时，应使用低速挡。

（11）作业中发现起重机倾斜、支腿不稳等异常现象时，应立即使重物下降落在安全的地方，下降中严禁制动。

（12）重物在空中需要较长时间停留时，应将起升卷筒制动锁住，操作人员不得离开操纵室。

（13）起吊重物达到额定起重量的90%以上时，严禁同时进行两种及以上的操作动作。

（14）起重机带载回转时，操作应平稳，避免急剧回转或停止，换向应在停稳后操作。

（15）当轮胎式起重机带载行走时，道路必须平坦坚实，载荷必须符合出厂规定，重物离地面不得超过500mm，并应拴好拉绳，缓慢行驶。

（16）起重机的变幅指示器，力矩限制器、起重量限制器以及各种行程限位开关等安全保护装置，应完好齐全、灵敏可靠，不得随意调整或拆除。严禁利用限制器和限位装置代替操纵机构。

（17）严禁使用起重机进行斜拉、斜吊和起吊地下埋设或凝固在地面上的重物以及其他不明重量的物体。现场浇筑的混凝土构件或模板，必须全部松动后方可起吊。

（18）严禁起吊重物长时间悬挂在空中，作业中遇突发故障，应采取措施将重物降落在安全地方，并关闭发动机或切断电源后进行检修。在突然停电时，应立即把所有控制器拨到零位，断开电源总开关，并采取措施使重物降到地面。

（19）操纵室远离地面的起重机，在正常指挥发生困难时，地面及作业层（高空）的指挥人员均应采用对讲机等有效的通信联络手段进行指挥。

（20）在行驶时应保持中速，不得紧急制动，过铁道口或起伏路面时应减速，下坡时严禁空挡滑行，倒车时应有人监护。严禁人员在底盘走台上站立或蹲坐，并不得堆放物件。

（21）在露天有六级及以上大风或大雨、大雪、大雾等恶劣天气时，应停止起重吊装作业前，应先试吊，确认制动器灵敏可靠方可进行作业。

（22）作业后，应将起重臂全部缩回放在支架上，再收回支腿。吊钩应用专用钢丝绳挂牢；应将车架尾部两撑杆分别撑在尾部下方的支座内，并用螺母固定；应将阻止机身旋转的销式制动器插入销孔，并将取力器操纵手柄放在脱开位置，最后应锁住起重操纵室门。

3. 轮胎式起重机使用后的保养

（1）每天进行例行保养

1）使清洁车身内外无污泥、擦洗干净；

2）检查发动机润滑油、冷却水、燃油均按要求添加；

3）检查三角带松紧度，用手指按下 10～15mm；

4）检查驾驶室仪表、指示灯及灯光工作情况，机油压力 0.25MPa、气压 0.59MPa、齐全有效；

5）检查刹车装置、排气制动器要齐全有效；

6）检查轮胎及轮胎螺栓：气压充足、螺栓紧固；

7）检查液压工作系统：运转平稳、无异响、漏油现象；

8）检查钢丝绳：润滑良好、磨损不大于公称直径的 7%、断丝符合相关规定；

9）检查吊钩和滑轮：转动灵活、润滑良好、无变形损坏；

10）检查各种限位装置要灵敏有效。

（2）一级保养（工作 100h 进行）

1）完成例行保养全部内容；

2）清洁发动机“三滤”至无油污、畅通；

3）检查各减速箱、齿轮箱油位，按要求添加；

4）润滑各部件，按润滑周期表要求进行；

5）检查液压系统油泵、油马达工作情况，无异响、温度正常；

6）检查电瓶电解液面的高度，液面高出极板 10～15mm；

7）检查漏油、漏气、漏水情况，消除三漏。

（3）二级保养（工作 300h 进行）

1）完成一级保养全部内容；

2）清洁液压系统滤芯器使油路畅通；

3）清洁气水分滤器、油水分滤器至无杂物；

4）检查调整行走系统离合器、刹车间隙，踏板自由行程25～30mm；

5）检查调整起升机构离合器、制动器间隙，间隙：0.6～0.8mm；

6）检查钢结构情况，无扭曲变形，裂纹；

7）检查清洁各电磁阀使其清洁、接触良好；

8）检查各液压油缸工作情况应无回缩、渗油、跳动。

（4）三级保养（工作3200h）

1）首先完成二级保养全部内容；

2）清洗冷却系统，用150g氢氧化钠（NaOH）和1L水溶液，灌满冷却系统，停留8～12h，起动发动机待水温达75℃放尽；

3）检查维修汽缸盖组件，修复气门、气门座，检查气门弹簧、导管、摇臂，研磨气门、更换易损件；

4）检查维修曲轴连杆机构，使曲轴瓦、连杆瓦、活塞环、活塞销间隙符合要求，必要时更换；

5）检查维修传动供油系统，使各齿轮啮合良好，供油提前角度正确，校验高压油泵、喷油器；

6）检查机油泵，机油冷却器、水泵，更换易损件进行检测流量；

7）检修空压机，研磨阀片、更换塞环；

8）拆检离合器，视磨损情况更换摩擦片、分离轴承、分离压爪；

9）检修变速箱，检查齿轮、更换轴承密封件；

10）拆检传动轴、万向节，修复花键套、更换螺栓、油封、衬套；

11）检修前桥减震器及悬挂装置，更换密封组件；

12）检修制动总泵、分泵，视使用情况更换密封组件；

13）检查维修轮毂、制动片，如制动片磨损超过40%应更新；

14）检修全车电气系统，使仪表读数正确、照明齐全有效，各电磁阀灵敏可靠；

15）检查维修液压系统，应无漏油、渗油现象，更换老化油管；

16）检查液压油泵、马达、控制阀，及时更换密封垫。

（三）塔式起重机

1. 塔式起重机使用前的准备与检查

（1）起重机的轨道基础应符合下列要求：

1）路基承载能力：轻型，起重量应为（30kN及以下）60～100kPa；中型，起重量应为（31～150kN）101～200kPa；重型，起重量应为（150kN以上）200kPa以上；

2）每间隔6m应设轨距拉杆一个，轨距允许偏差为公称值的1/1000，且不超过±3mm；

3）在纵横方向上，钢轨顶面的倾斜度不得大于1/1000；

4）钢轨接头间隙不得大于4mm，并应与另一侧轨道接头错开，错开距离不得小于

1.5m，接头处应架在轨枕上，两轨顶高度差不得大于2mm；

5）距轨道终端1m处必须设置缓冲止挡器，其高度不应小于行走轮的半径；在距轨道终端2m处必须设置限位开关碰块；

6）鱼尾板连接螺栓应紧固，垫板应固定牢靠。

（2）起重机的混凝土基础应符合下列要求：

1）混凝土强度等级不低于C35；

2）基础表面平整度允许偏差1/1000；

3）埋设件的位置、标高和垂直度以及施工工艺符合出厂使用说明要求。

（3）起重机的轨道基础或混凝土基础应验收合格后使用。

（4）起重机的轨道基础两旁、混凝土基础周围应修筑边坡和排水设施，并应与基坑保持一定的安全距离。

（5）起重机的金属结构、轨道及所有电气设备的金属外壳，应有可靠的接地装置，接地电阻不应大于4Ω。

（6）起重机的拆装必须由取得建设行政主管部门颁发的拆装资质证书的专业队进行，并应有技术和安全人员在场监护。

（7）起重机拆装前，应按照出厂有关规定，编制拆装作业方法、质量要求和安全技术措施，经企业技术负责人审批后，作为拆装作业技术方案，并向全体作业人员交底。

（8）拆装作业前检查项目应符合下列要求：

1）路基和轨道铺设或混凝土基础应符合技术要求；

2）对所拆装起重机的各机构、各部位、结构焊缝、重要部位螺栓、销轴、卷扬机和钢丝绳、吊钩、吊具以及电气设备、线路等进行检查，使隐患排除于拆装作业之前；

3）对自升塔式起重机顶升液压系统的液压缸和油管、顶升套架结构、导向轮、顶升撑脚（爬爪）等进行检查，及时处理存在的问题；

4）对采用旋转塔身法所用的主副地锚架、起落塔身卷扬钢丝绳以及起升机构制动系统等进行检查，确认无误后方可使用；

5）对拆装人员所使用的工具、安全带、安全帽等进行检查，不合格者立即更换；

6）检查拆装作业中配备的起重机、运输汽车等辅助机械，状况良好，技术性能应保证拆装作业的需要；

7）拆装现场电源电压、运输道路、作业场地等应具备拆装作业条件；

8）安全监督岗的设置及安全技术措施的贯彻落实已达到要求；

9）起重机的拆装作业应在白天进行。当遇大风、浓雾和雨雪等恶劣天气时，应停止作业；

10）指挥人员应熟悉拆装作业方案，遵守拆装工艺和操作规程，使用明确的指挥信号进行指挥。所有参与拆装作业的人员，都应听从指挥，如发现指挥信号不清或有错误时，应停止作业，待联系清楚后再进行。

2. 塔式起重机使用时的安全操作要点

（1）拆装人员在进入工作现场时，应穿戴安全保护用品，高处作业时应系好安全带，熟悉并认真执行拆装工艺和操作规程，当发现异常情况或疑难问题时，应及时向技术负责人反映，不得自行其是，应防止由于处理不当而造成事故。

（2）在拆装上回转、小车变幅的起重臂时，应根据出厂使用说明的拆装要求进行，并应保持起重机的平衡。

（3）采用高强度螺栓连接的结构，应使用原厂制造的连接螺栓，自制螺栓应有质量合格的试验证明，否则不得使用。连接螺栓时，应采用扭矩扳手或专用扳手，并应按装配技术要求拧紧。

（4）在拆装作业过程中，当遇天气剧变、突然停电、机械故障等意外情况，短时间不能继续作业时，必须使已拆装的部位达到稳定状态并固定牢靠，经检查确认无隐患后，方可停止作业。

（5）安装起重机时，必须将大车行走缓冲止挡器和限位开关碰块安装牢固可靠；并应将各部位的栏杆、平台、扶杆、护圈等安全防护装置装齐。

（6）在拆除因损坏或其他原因而不能用正常方法拆卸的起重机时，必须按照技术部门批准的安全拆卸方案进行。

（7）起重机安装过程中，必须分阶段进行技术检验。整机安装完毕后，应进行整机技术检验和调整，各机构动作应正确、平稳、无异响，制动可靠，各安全装置应灵敏有效；在无载荷情况下，塔身和基础平面的垂直度允许偏差为4/1000，经分阶段及整机检验合格后，应填写检验记录，经技术负责人审查签证后，方可交付使用。

（8）起重机塔身升降时，应符合下列要求。

1）升降作业过程，必须有专人指挥，专人照看电源，专人操作液压系统，专人拆装螺栓。非作业人员不得登上顶升套架的操作平台。操作室内只准一人操作，必须听从指挥信号。

2）升降应在白天进行，特殊情况需在夜间作业时，应有充分的照明。

3）风力在四级及以上时，不得进行升降作业。在作业中风力突然增大达到四级时，必须立即停止，并应紧固上、下塔身各连接螺栓。

4）顶升前应预先放松电缆，其长度宜大于顶升总高度，并应紧固好电缆卷筒。下降时应适时收紧电缆。

5）升降时，必须调整好顶升套架滚轮与塔身标准节的间隙，并应按规定使起重臂和平衡臂处于平衡状态，并将回转机构制动住，当回转台与塔身标准节之间的最后一处连接螺栓（销子）拆卸困难时，应将其对角方向的螺栓重新插入，再采取其他措施。不得以旋转起重臂动作来松动螺栓（销子）。

6）升降时，顶升撑脚（爬爪）就位后，应插上安全销，方可继续下一动作。

7）升降完毕后，各连接螺栓应按规定扭力紧固，液压操纵杆回到中间位置，并切断液压升降机构电源。

（9）起重机的附着锚固应符合下列要求。

1）起重机附着的建筑物，其锚固点的受力强度应满足起重机的设计要求。附着杆系的布置方式、相互间距和附着距离等，应按出厂使用说明书规定执行。有变动时，应另行设计。

2）装修附着框架和附着杆件，应采用经纬仪测量塔身垂直度，并应采用附着杆进行调整，在最高锚固点以下垂直度允许偏差为2/1000。

3）在附着框架和附着支座布设时，附着杆倾斜角不得超过10。

4）附着框架宜设置在塔身标准节连接处，箍紧塔身。塔架对角处在无斜撑时应加固。

5）塔身顶升接高到规定锚固间距时，应及时增设与建筑物的锚固装置。塔身高出锚固装置的自由端高度，应符合出厂规定。

6）起重机作业过程中，应经常检查锚固装置，发现松动或异常情况时，应立即停止作业，故障未排除，不得继续作业。

7）拆卸起重机时，应随着降落塔身的进程拆卸相应的锚固装置。严禁在落塔之前先拆锚固装置。

8）遇有六级及以上大风时，严禁安装或拆卸锚固装置。

9）锚固装置的安装、拆卸、检查和调整，均应有专人负责，工作时应系安全带和戴安全帽，并应遵守高处作业有关安全操作的规定。

10）轨道式起重机作附着式使用时，应提高轨道基础的承载能力和切断行走机构的电源，并应设置阻挡行走轮移动的支座。

（10）起重机内爬升时应符合下列要求。

1）内爬升作业应在白天进行。风力在五级及以上时，应停止作业。

2）内爬升时，应加强机上与机下之间的联系以及上部楼层与下部楼层之间的联系，遇有故障及异常情况，应立即停机检查，故障未排除，不得继续爬升。

3）内爬升过程中，严禁进行起重机的起升、回转、变幅等各项动作。

4）起重机爬升到指定楼层后，应立即拔出塔身底座的支承梁或支腿，通过内爬升框架固定在楼板上，并应顶紧导向装置或用楔块塞紧。

5）内爬升塔式起重机的固定间隔不宜小于3个楼层。

6）对固定内爬升框架的楼层楼板，在楼板下面应增设支柱作临时加固。搁置起重机底座支承梁的楼层下方两层楼板，也应设置支柱作临时加固。

7）每次内爬升完毕后，楼板上遗留下来的开孔，应立即采用钢筋混凝土封闭。

8）起重机完成内爬升作业后，应检查内爬升框架的固定、底座支承梁的紧固以及楼板临时支撑的稳固等，确认可靠后，方可进行吊装作业。

9）每月或连续大雨后，应及时对轨道基础进行全面检查，检查内容包括：轨距偏差，钢轨顶面的倾斜度，轨道基础的弹性沉陷，钢轨的不直度及轨道的通过性能等。对混凝土基础，应检查其是否有不均匀的沉降。

10）应保持起重机上所有安全装置灵敏有效，如发现失灵的安全装置，应及时修复或更换。所有安全装置调整后，应加封（火漆或铅封）固定，严禁擅自调整。

（11）配电箱应设置在轨道中部，电源电路中应装设错相及断相保护装置及紧急断电开关，电缆卷筒应灵活有效，不得拖缆。

（12）起重机在无线电台、电视台或其他强电磁波发射天线附近施工时，与吊钩接触的作业人员，应戴绝缘手套和穿绝缘鞋，还应在吊钩上挂接临时放电装置。

（13）当同一施工地点有两台以上起重机时，应保持两机间任何接近部位（包括吊重物）距离不得小于2m。

（14）起重机作业前，应检查轨道基础平直无沉陷，鱼尾板连接螺栓及道钉无松动，并应清除轨道上的障碍物，松开夹轨器并向上固定好。

（15）启动前重点检查项目应符合下列要求：

1）金属结构和工作机构的外观情况正常；

2）各安全装置和各指示仪表齐全完好；

3）各齿轮箱、液压油箱的油位符合规定；

4）主要部位连接螺栓无松动；

5）钢丝绳磨损情况及各滑轮穿绕符合规定；

6）供电电缆无破损。

（16）送电前，各控制器手柄应在零位。当接通电源时，应采用试电笔检查金属结构部分，确认无漏电后，方可上机。

（17）作业前，应进行空载运转，试验各工作机构是否运转正常，有无噪声及异响，各机构的制动器及安全防护装置是否有效，确认正常后方可作业。

（18）起吊重物时，重物和吊具的总重量不得超过起重机相应幅度下规定的起重量。

（19）应根据起吊重物和现场情况，选择适当的工作速度，操纵各控制器时应从停止点（零点）开始，依次逐级增加速度，严禁越挡操作。在变换运转方向时，应将控制器手柄扳到零位，待电动机停转后再转向另一方向，不得直接变换运转方向、突然变速或制动。

（20）在吊钩提升、起重小车或行走大车运行到限位装置前，均应减速缓行到停止位置，并应与限位装置保持一定距离（吊钩不得小于1m，行走轮不得小于2m）。严禁采用限位装置作为停止运行的控制开关。

（21）动臂式起重机的起升、回转、行走可同时进行，变幅应单独进行。每次变幅后应对变幅部位进行检查。

（22）提升重物，严禁自由下降。重物就位时，可采用慢就位机构或利用制动器使之缓慢下降。

（23）提升重物作水平移动时，应高出其跨越的障碍物0.5m以上。

（24）对于无中央集电环及起升机构、不安装在回转部分的起重机，在作业时，不得顺一个方向连续回转。

（25）装有上、下两套操纵系统的起重机，不得上、下同时使用。

（26）作业中，当停电或电压下降时，应立即将控制器扳到零位，并切断电源。如吊钩上挂有重物，应稍松稍紧反复使用制动器，使重物缓慢地下降到安全地带。

（27）采用涡流制动调速系统的起重机，不得长时间使用低速挡或慢就位速度作业。

（28）作业中如遇六级及以上大风或阵风，应立即停止作业，锁紧夹轨器，将回转机构的制动器完全松开，起重臂应能随风转动。对轻型俯仰变幅起重机，应将起重臂落下并与塔身结构锁紧在一起。

（29）作业中，操作人员临时离开操作室时，必须切断电源，锁紧夹轨器。

（30）作业完毕后，起重机应停放在轨道中间位置，起重臂应转到顺风方向，并松开回转制动器，小车及平衡重应置于非工作状态，吊钩宜升到离起重臂顶端2～3m处。

（31）停机时，应将每个控制器拨回零位，依次断开各开关，关闭操作室门窗，下机后，应锁紧夹轨器，使起重机与轨道固定，断开电源总开关，打开高空指示灯。

（32）检修人员上塔身、起重臂、平衡臂等高空部位检查或修理时，必须系好安全带。

（33）在寒冷季节，对停用起重机的电动机、电器柜、变阻器箱、制动器等，应严密遮盖。

(34) 动臂式和尚未附着的自升式塔式起重机，塔身上不得悬挂标语牌。

3. 塔式起重机的维护和保养

(1) 日常保养：每班前进行并做好检查保养记录。

1) 检查各减速器的油量，如低于规定的油面高度时，应及时加油，油质必须干净，均不得有腐蚀剂及不清洁的油混入，加油时应用过滤网过滤；

2) 检查起升机构卷筒轴承与变幅机构卷筒两端轴承的润滑情况，必要时，加注2号钙基润滑脂，应保证油杯内有油；

3) 对回转机构，大小齿轮副与回转滚动支承涂抹加注润滑脂；

4) 检查电源电缆线有无损坏，连接处有无松动与磨损清除电气设备的灰尘；

5) 检查各接触器，控制器的触头的接触及腐蚀情况；

6) 检查各连接螺栓，有无松动或脱落，并及时拧紧和增补；

7) 检查起升钢丝绳及变幅钢丝绳，如断股数超过5%或名义直径磨损超过5%，均应更新钢丝绳，检查钢绳固定端是否牢固，绳卡螺栓是否松动，并及时处理；

8) 检查各安全装置，如工作失灵，应及时调整或检修，特别是起重力矩限制与起重量限制更应保证其可靠性；

9) 检查起升机构及回转机构制动效能，如不灵敏可靠，应及时调整。

(2) 定期保养：每月一次，并作检查保养记录。

1) 进行日常保养；

2) 对起升导向滑轮及拉杆与支座配合处，变幅小车滑轮及车轮，吊钩组滑轮，回转支承等处压注4号钙基润滑脂；

3) 由于起升及变幅钢丝绳使用一段时间后长度拉长，需重新调整钢丝绳，并重新调整起升高度限制器及变幅限制器；

4) 对各零部件连接螺栓，钢丝绳压板及绳卡处的螺栓或螺母紧固一次，必要时更换；

5) 各用电或输电设备的绝缘性必须可靠不得漏电。

(3) 定期检查：半年一次做好检查和对问题的处理记录。

1) 在运输及存放过程中，应防止损坏金属结构件，并防止结构件变形，如发现碰损，整体扭曲或变形，未经修复不得使用；

2) 检查各金属结构及部件，其焊区或材料有无裂纹，检查结构件有无腐蚀现象，如发现应及时处理，未经修复不得使用；

3) 对各连接螺栓、销轴如发现有过度磨损或变形应予更新；

4) 清洗各减速器，并重新加注润滑油，拆卸各滚动轴承清洗并对滑动轴承处进行清洗，装配时加注或涂抹润滑脂；

5) 对回转开式齿轮副涂抹润滑脂；

6) 检查调整各制动器，各安全装置；

7) 检修或更换某些磨损较大的零部件，如：小车行走轮，各滑轮及滑动轴套，回转机械小齿轮等；

8) 检修和更换起升及变幅钢丝绳；

9) 检修电气操纵中的各控制器，其转动部分应加润滑油，动静触点的弧坑应磨光，检修配电箱，清除各接触器楔铁上的污垢尘土，并检测线圈绝缘情况；

10）检修和更换各种电线、电缆；

11）每项工程结束后，必须对各部件喷刷漆一次，以防锈蚀。固定使用的起重机，半年至一年内油漆一次。

（四）桅杆式起重机

1. 桅杆式起重机使用前的检查

（1）组装桅杆的连接螺栓应紧固可靠，应满足使用要求。

（2）桅杆的基础应平整坚实，不应有下沉、积水。

（3）桅杆连接板、桅杆头部和回转部分不应有永久变形、锈蚀。

（4）新桅杆组装时，中心线偏差应不大于总支承长度的1/1000；多次使用过的桅杆，在重新组装时，每5m长度内中心线与局部塑性变形允许偏差值不应大于40mm；在桅杆全长内，中心线与总支承长度的允许偏差应为1/200。

（5）配置的卷扬机应符合本书第2.6节的内容要求。

（6）缆风绳检查：

1）缆风绳宜采用4～8根，布置应合理，松紧应均匀；

2）缆风绳的规格、数量及地锚的拉力、埋设深度等，应按照起重机性能经计算确定；缆风绳与地面夹角应在30°～45°之间，缆风绳与桅杆和地锚的连接应牢固；如越过公路或街道时，架空高度不应小于7m；

3）地锚的埋设，应与现场的土质情况和地锚的受力情况相适应，缆风绳地锚的埋设应经设计，当无设计规定时，地锚应采用不少于2根钢管（D48～53mm）并排设置（与钢丝绳受力垂直），其间距应小于0.5m，打入深度不应小于1.7m，桩顶应有钢丝绳防滑措施；

4）缆风绳的架设应避开架空线路，在靠近电线附近，应装有绝缘材料制作的护线架。

2. 桅杆式起重机使用中的安全操作要点

（1）缆风绳的架设应避开架空电线。在靠近电线的附近，应设置绝缘材料搭设的护线架。

（2）桅杆式起重机使用前必须进行验收及试吊。

（3）提升重物时，吊钩钢丝绳应垂直，操作应平稳，当重物吊起刚离开支承面时，应检查并确认各部无异常时，方可继续起吊。

（4）在起吊满载重物前，应有专人检查各地锚的牢固程度。各缆风绳都应均匀受力，主杆应保持直立状态。

（5）作业时，起重机的回转钢丝绳索应处于拉紧状态。

（6）起重机移动时，其底座应垫起，起重机的回转钢丝绳应处于拉紧状态。回转装置应有安全制动控制器。足够承重的枕木排和滚杠，并将起重臂收紧处于移动方向的前方。移动时，主杆不得倾斜，缆风绳的松紧应配合一致。

（7）缆风钢丝绳安全系数不小于3.5，起升、锚固、吊索钢丝绳安全系数不小于8。

3. 桅杆式起重机的维护和保养

（1）起重机的运输应符合交通运输部门规定。

（2）起重机的卷扬机在运输、装卸过程中严禁倒装。

（3）起重机长期停用时，应存放在通风干燥，无腐蚀的地点。

（4）起重机如需存放在室外，则应采取防雨措施。

（5）起重机要进行定期检验，对桅杆起重机的检验项目（一般2年1次）：

1）技术文件审查、作业环境和外观检查、司机室检查；

2）金属结构检查（如结构无变形、焊缝无开裂、连接无松动）；

3）轨道检查、零部件检查（如吊具、钢丝绳及固定、滑轮、导绳器）；

4）电气与控制系统检查（如控制功能、绝缘、接地、短路保护；失压失电保护、零位保护、过流过载保护、错相保护等）；

5）液压系统检查；

6）安全保护和防护装置检查（制动器、超速保护装置、起升高度限位器；起重量限制器，防风防滑装置，缓冲器和止挡装置，应急断电开关等）；

7）空载试验和额定载荷试验。

（6）各地检验机构需依据相关技术标准充实补充桅杆起重机检验的特殊要求，确保检验的完整性和有效性。桅杆起重机定期维护检查应注意的问题：

1）桅杆起重机结构的工作形式可分为两种，一种是结构通过绳索与设备周围地形地物形成结构体；另一种是依靠自身结构形成结构体。在检验前一种桅杆起重机时也应对绳索锚固系统和地锚系统进行检测验证。

2）由于设计不规范，结构会存在局部应力超标现象，设备在工作一定时间后大应力区域结构会发生变形和焊缝开裂，结构的检查要从结构受力着手，检查要全面。

3）在桅杆起重机中有一部分使用柴油（汽油）发动机作为起升和回转机构的动力（特别是起升制动），制动采用人力方式，安全可靠性差，制动效果取决于人的操作。在检验判断时应重视。

4）单人字形桅杆在小幅度小载荷工况时易发生后倾，应对其可靠性进行检查。

5）对于取得桅杆起重机制造许可证的设备检验时，应对其取证机型进行核实，确认被检设备属许可覆盖产品。

（五）门式、桥式起重机与电动葫芦

1. 门式、桥式起重机与电动葫芦使用前的准备与检查

（1）起重机路基和轨道的铺设应符合出厂规定，轨道接地电阻不应大于4Ω。

（2）使用电缆的门式起重机，应设有电缆卷筒，配电箱应设置在轨道中部。

（3）用滑线供电的起重机，应在滑线的两端标有鲜明的颜色，滑线应设置防护装置，防止人员及吊具钢丝绳与滑线意外接触。

（4）轨道应平直，鱼尾板连接螺栓应无松动，轨道和起重机运行范围内应无障碍物。门式起重机应松开夹轨器。

（5）门式、桥式起重机与电动葫芦作业前检查项目。

1）门式、桥式起重机作业前的重点检查项目应符合下列要求：

① 机械结构外观正常，各连接件无松动；

② 钢丝绳外表情况良好，绳卡牢固；

③ 各安全限位装置齐全完好。

2）电动葫芦使用前的检查

① 电动葫芦使用前应检查设备的机械部分和电气部分，钢丝绳、吊钩、限位器等应完好，电气部分应无漏电，接地装置应良好；

② 电动葫芦应设缓冲器，轨道两端应设挡板；

③ 作业开始第一次吊重物时，应在吊离地面100mm时停止，检查电动葫芦制动情况，确认完好后方可正式作业；露天作业时，电动葫芦应设有防雨棚；电动葫芦严禁超载起吊，起吊时，手不得握在绳索与物体之间，吊物上升时应严防冲撞。

（6）操作室内应垫木板或绝缘板，接通电源后应采用试电笔测试金属结构部分，确认无漏电方可上机；上、下操作室应使用专用扶梯。

2. 门式、桥式起重机与电动葫芦使用中的安全操作要点

（1）门式、桥式起重机。

1）作业前，应进行空载运转，在确认各机构运转正常，制动可靠，各限位开关灵敏有效后，方可作业。

2）开动前，应先发出音响信号示意，重物提升和下降操作应平稳匀速，在提升大件时不得用快速，并应拴拉绳防止摆动。

3）吊运易燃、易爆、有害等危险品时，应经安全主管部门批准，并应有相应的安全措施。

4）重物的吊运路线严禁从人上方通过，亦不得从设备上面通过，空车行走时，吊钩应离地面2m以上。

5）吊起重物后应慢速行驶，行驶中不得突然变速或倒退。两台起重机同时作业时，应保持5m距离。严禁用一台起重机顶推另一台起重机。

6）起重机行走时，两侧驱动轮应同步，发现偏移应停止作业，调整好后方可继续使用。

7）作业中，严禁任何人从一台桥式起重机跨越到另一台桥式起重机上去。

8）操作人员由操作室进入桥架或进行保养检修时，应有自动断电联锁装置或事先切断电源。

9）露天作业的门式、桥式起重机，当遇风速大于10.8m/s大风时，应停止作业，并锁紧火轨器。

10）门式、桥式起重机的主梁挠度超过规定值时，必须修复后方可使用。

11）作业后，门式在停机线上，用夹轨器锁紧；桥式起重机应将小车停放在两条轨道中间，吊钩提升到上部位置。吊钩上起重机应停放不得悬挂重物。

（2）电动葫芦。

1）起吊物件应捆扎牢固。电动葫芦吊重物行走时，重物离地不宜超过1.5m高。工作间歇不得将重物悬挂在空中。

2）电动葫芦作业中发生异味、高温等异常情况，应立即停机检查，排除故障后方可继续使用。

3）使用悬挂电缆电气控制开关时，绝缘应良好，滑动应自如，人的站立位置后方应有2m空地并应正确操作电钮。

4）在起吊中，由于故障造成重物失控下滑时，必须采取紧急措施，向无人处下放重物。

5）在起吊中不得急速升降。

6）电动葫芦在额定载荷制动时，下滑位移量不应大于80mm。

7）电动葫芦作业后，应将控制器拨到零位，切断电源，关闭室并锁好操作门窗。

3. 门式、桥式起重机与电动葫芦的维护和保养

（1）工作后将吊钩升至接近限位器的位置，小车开到车梁端头，大车开到指定位置，拉下电源总开关，紧急事故开关，各控制器手柄置于“零位”，挂上“有人作业、禁止合闸”的标志牌。

（2）清扫起重机上部及司机室内部（包括各操纵装置及电气设备）的灰尘、污物、油垢及杂物，并将清扫用具收拾干净放在安全的地方。

（3）严禁在起重机轨道上行走，即使遇到停电，也应从楼梯上下。

（4）操作者对吊钩、钢丝绳要进行以下监督和检查：

1）监督吊钩是否按规定期限进行探伤检查，过期未检查者应及时向主管部门反映。

2）操作者应经常对吊钩和钢丝绳作外观检查，发现吊钩有裂纹及其危险断面的磨损超过10%，应及时更换。钢丝绳使用到一定程度应严格按标准进行检查，并鉴定是否需要更换，否则操作者有责任向主管部门反映。

（5）认真做好设备的交接班工作。

（六）卷扬机

1. 卷扬机使用前的检查与准备

（1）安装时，基础应平稳牢固、周围排水畅通、地锚设置可靠，并应搭设工作棚。操作人员的位置应能看清指挥人员和拖动或起吊物件。

（2）作业前，应检查卷扬机与地面的固定，弹性联轴器不得松旷，并应检查安全装置、防护设施、电气线路、接零或接地线、制动装置和钢丝绳等，全部合格后方可使用。具体的检查内容如下：

1）应设置在地势较高平坦、坚实处；

2）底座下应垫以枕木，枕木不得伸出脚踏制动器一端的底座；

3）卷扬机的操作位置应有良好视野；

4）卷扬机的旋转方向应和控制器上标明的方向一致；

5）卷扬机制动操纵杆在最大操纵范围内不得触及地面或其他障碍物；

6）第一个导向滑轮应设置在卷筒中心垂直线上；

7）检查卷筒轴心线与导向滑轮轴心的距离，平卷筒：不应小于卷筒长度的20倍，有槽卷筒：不应小于卷筒长度的15倍；

8）钢丝绳应从卷筒下方卷入；

9）卷筒上的钢丝绳应排列整齐；

10）卷筒上的钢丝绳工作时最少应保留5圈；最多时，外层钢丝绳应低于卷筒边缘一根钢丝绳直径的距离；接地可靠，接地电阻小于4Ω。

2. 卷扬机使用中的安全操作要点

（1）卷扬机工作前应进行试车，检查其是否固定牢固，防护设施、电气绝缘、离合器、制动装置、保险棘轮、导向滑轮、索具等完全合格。

（2）使用皮带或开式齿轮传动的部分，均应设防护罩，导向滑轮不得用开口拉板式滑轮。

（3）以动力正反转的卷扬机，卷筒旋转方向应与操纵开关上指示的方向一致。

（4）从卷筒中心线到第一个导向滑轮的距离，带槽卷筒应大于卷筒宽度的15倍；无槽卷筒应大于卷筒宽度的20倍。

（5）当钢丝绳在卷筒中间位置时，滑轮的位置应与卷筒轴线垂直，其垂直度允许偏差为6°。

（6）钢丝绳应与卷筒及吊笼连接牢固，不得与机架或地面摩擦，通过道路时，应设过路保护装置。

（7）在卷扬机制动操作杆的行程范围内，不得有障碍物或阻卡现象。

（8）卷筒上的钢丝绳应排列整齐，当重叠或斜绕时，应停机重新排列，严禁在转动中用手拉脚踩钢丝绳。

（9）作业中，任何人不得跨越正在作业的卷扬钢丝绳。

（10）物件提升后，操作人员不得离开卷扬机，物件或吊笼下面严禁人员停留或通过。休息时应将物件或吊笼降至地面。

（11）作业中如发现异响、制动不灵、制动带或轴承温度剧烈上升等异常情况，应立即停机检查，排除故障后方可使用。

（12）作业中停电时，应切断电源，将提升物件或吊笼降至地面。

（13）作业完毕，应将提升吊笼或物件降至地面，并应切断电源，锁好开关箱。

（14）检查钢丝绳是否正常，电控箱各操作开关是否正常，阴雨天应特别注意检查电器的防潮。

3. 卷扬机的维护和保养

（1）平时机械使用后还要注意检查减速箱润滑油油位；电动机检查保养；检查并调整开式齿轮啮合间隙；检查制动器制动瓦磨损情况；各连接紧固件调整紧固；检查设备各部润滑情况。

（2）每班运行前先检查卷扬机主机系统（包括卷筒、天轮、钢丝绳、电动机、减速机、风机、盘形制动器、深度指示器）、液压系统、信号系统、视频监控系统、电器仪表等，确认无异常方可开机。

（3）每三天应对主轴承、天轮轴承加注润滑脂一次。每半年至一年应更换一次液压站和减速机的油液，使用中若发现油液中有大量气泡和沉淀物应立即更换。液压站应采用HM-N46液压油或HU-20汽轮机油。

（4）制动闸瓦与闸盘表面不能有油污，若发现有油污，必须及时清除，以免影响安全。

（5）当闸瓦间隙达到2mm时，应及时调整闸瓦间隙。新装或更换闸瓦时，要对闸瓦进行贴磨，保证闸瓦与闸盘的接触面积达到闸瓦总面积的60%以上。

（6）从液压站到盘形制动器的油管内及制动器油缸内不许留有空气，否则将延长松闸时间。当发现松闸时间延长时，应该及时将空气排净。

（7）经常检查深度指示器减速、过卷开关，防止螺栓松动、位置改变。并保持开关的清洁，以免灰尘等脏物卡住，造成减速、过卷失效。

（8）检修制动器和液压站时，除应使电磁阀断电外，还应利用锁紧器将卷筒锁住确保安全，开车前切记要去掉锁紧器连接件。

（9）要定期检查减速器的使用情况，若发现有异常响声和振动或齿面有进展性的点蚀或大面积擦伤现象时，应及时停车检查处理。

（10）钢丝绳自悬挂之日起每隔六个月做一次试验。并且在发现下列情况之一时应切除或更换钢丝绳：

1）钢丝绳在一个捻距内断丝断面积与钢丝绳总断面积之比达到10%；

2）直径缩小量达到10%；

3）因紧急制动而被猛烈拉伸时，钢丝绳产生严重扭曲和变形；

4）受到猛烈拉伸的一段的长度伸长0.5%以上；

5）卷筒上保留的钢丝绳（摩擦圈）少于三圈时应更换；

6）在钢丝绳使用期间，断丝数突然增加或伸长突然加快时，应立即更换；

7）钢丝绳锈蚀严重或点蚀麻坑形成沟纹或外层钢丝绳松动时，应立即更换。

（11）每班下班时要将机器表面的油污和灰尘擦拭干净，并打扫机房卫生。保持机房整洁干净。

（12）每年进行大修保养一次，更换磨损了的轴承及其他易损件；每周彻底清洁设备表面油污一次；每周对卷扬机钢丝绳润滑一次；每班对卷扬机开式齿轮、卷筒轴两端加油润滑一次。

（七）井架、龙门架物料提升机

1. 井架、龙门架物料提升机使用前准备与检查

（1）进入施工现场的井架、龙门架必须具有下列安全装置：

1）上料口防护棚；

2）楼层安全门、吊篮安全门；

3）断绳保护装置及防坠器；

4）安全停靠装置；

5）起重量限制器；

6）上、下限位器；

7）紧急断电开关、短路保护、过电流保护、漏电保护；

8）信号装置；

9）缓冲器。

（2）提升机使用前的检查：

1）金属结构有无开焊和明显变形；

2）架体各节点连接螺栓是否紧固；

3）附墙架、缆风绳、地锚位置和安装情况；

4）架体的安装精度是否符合要求；

5）安全防护装置是否灵敏可靠；

6）卷扬机的位置是否合理；

7）电气设备及操作系统的可靠性；

8）信号及通信装置的使用效果是否良好清晰；

9）钢丝绳、滑轮组的固接情况；

10）提升机与输电线路的安全距离及防护情况。

2. 井架、龙门架物料提升机使用中的安全操作要点

(1) 物料在吊篮内应均匀放置，不得超出吊篮。散料应装箱或装笼。严禁超载使用。

(2) 严禁人员攀登、穿越提升机架体和乘吊篮上下。

(3) 高架提升机作业时，应使用通信装置联系。低架提升机在多工种、多楼层同时使用时，应专设指挥人员，信号不清不得开机。

(4) 闭合主电源前或作业中突然断电时，应将所有开关扳回零位。在重新恢复作业前，应在确认提升机动作正常后方可继续使用。

(5) 发现安全装置、通信装置失灵时，应立即停机修复。

(6) 使用中要经常检查钢丝绳、滑轮工作情况。如发现磨损严重，必须及时更换。

(7) 采用摩擦式卷扬机为动力的提升机，吊篮下降时，应在吊篮行至离地面1～2m处，控制缓缓落地，不允许吊篮自由落下直接降至地面。

(8) 装设摇臂把杆的提升机，作业时，吊篮与摇臂把杆不得同时使用。

(9) 作业后，将吊篮降至地面，各控制开关扳至零位，切断主电源，锁好闸箱。

3. 井架、龙门架物料提升机的维护和保养

(1) 使用后，应检查钢丝绳、滑轮、滑轮轴和导轨等，发现异常磨损，应及时修理或更换。应将吊篮降到最低位置，各控制开关扳至零位，切断电源，锁好开关箱。

(2) 提升机应进行经常性的维修保养，具体如下：

1）司机应按使用说明书的规定，对提升机各润滑部位，进行注油润滑；

2）维修保养时，应将所有控制开关扳至零位，切断主电源并在闸箱处挂“禁止合闸”标志，并应设专人监护；

3）更换零部件时，零部件必须与原部件的材质性能相同，并应符合设计与制造标准；

4）维修所用焊条及焊缝质量，均应符合有关规范及原设计要求；

5）维修和保养提升机架体顶部时，应搭设上人平台，并应符合高处作业要求。

(3) 提升机应统一管理，不得对卷扬机和架体分开管理。

(4) 金属结构码放时，应放在垫木上，在室外存放要有防雨及排水措施。电气、仪表及易损件的存放，应注意防振，防潮。

(5) 运输提升各部件时，装车应垫平，尽量避免磕碰。

（八）施工升降机

1. 施工升降机使用前的准备与检查

(1) 施工升降机应为人货两用电梯，其安装和拆卸工作必须由取得行政主管部门颁发的拆装资质证书的专业单位负责，并必须由经过专业培训，取得操作证的专业人员进行。

（2）地基应浇制混凝土基础，其承载能力应大于150kPa，地基上表面平整度允许偏差为10mm，并应有排水设施。

（3）升降机的整体应稳定，升降机导轨架的纵向中心线至建筑物外墙面的距离宜选用较小的安装尺寸。

（4）导轨架安装时，应用经纬仪对升降机在两个方向进行测量校准，其垂直度允许偏差为其高度的5/10000。

（5）导轨架顶端自由高度、导轨架与附壁距离、导轨架的两附壁连接点间距离和最低附壁点高度均不得超过出厂规定。

（6）升降机的专用开关箱应设在底架附近、便于操作的位置，馈电容量应满足升降机直接启动的要求，箱内必须设短路、过载、相序、断相及零位保护等装置。

（7）升降机梯笼周围2.5m范围内应设置稳固的防护栏杆，各楼层平台通道应平整牢固，出入口应设防护栏杆和防护门。全行程四周不得有危害安全运行的障碍物。

（8）升降机安装在建筑物内部井道中间时，应在全行程范围井壁四周搭设封闭屏障。装设在阴暗处或夜班作业的升降机，应在全行程上装设足够的照明和明显的楼层编号标志灯。

（9）升降机安装后，应经企业技术负责人会同有关部门对基础和附壁支架以及升降机架设安装的质量、精度等进行全面检查，并应按规定程序进行技术试验（包括坠落试验），经试验合格签证后，方可投入运行。

（10）升降机的防坠安全器，在使用中不得任意拆检调整，需要拆检调整时或每用满1年后，均应由生产厂或指定的认可单位进行调整、检修或鉴定。

（11）新安装或转移工地重新安装以及经过大修后的升降机，在投入使用前，必须经过坠落试验。升降机在使用中每隔3个月，应进行一次坠落试验。试验程序应按说明书规定进行，当试验中梯笼坠落超过1.2m制动距离时，应查明原因，并应调整防坠安全器，切实保证不超过1.2m制动距离。试验后以及正常操作中每发生一次防坠动作，均必须对防坠安全器进行复位。

（12）作业前重点检查项目应符合下列要求：

1）各部结构无变形，连接螺栓无松动；

2）齿条与齿轮、导向轮与导轨均接合正常；

3）各部钢丝绳固定良好，无异常磨损；

4）运行范围内无障碍。

2. 施工升降机使用安全操作要点

（1）启动前，应检查并确认电缆、接地线完整无损，控制开关在零位。电源接通后，应检查并确认电压正常，测试无漏电现象，应试验并确认各限位装置、梯笼、围护门等处的电器联锁装置良好可靠，电器仪表灵敏有效。启动后，应进行空载升降试验，测定各传动机构制动器的效能，确认正常后，方可开始作业。

（2）升降机在每班首次载重运行时，当梯笼升离地面1～2m时，应停机试验制动器的可靠性；当发现制动效果不良时，应调整或修复后方可运行。

（3）梯笼内乘人或载物时，应使载荷均匀分布，不得偏重。严禁超载运行。

（4）操作人员应根据指挥信号操作。作业前应鸣声示意。在升降机未切断总电源开关前，操作人员不得离开操作岗位。

（5）当升降机运行中发现有异常情况时，应立即停机并采取有效措施将梯笼降到底层，排除故障后方可继续运行。在运行中发现电气失控时，应立即按下急停按钮；在未排除故障前，不得打开急停按钮。

（6）升降机在大雨、大雾、六级及以上大风以及导轨架、电缆等结冰时，必须停止运行，并将梯笼降到底层，切断电源。暴风雨后，应对升降机各有关安全装置进行一次检查，确认正常后，方可运行。

（7）升降机运行到最上层或最下层时，严禁用行程限位开关作为停止运行的控制开关。

（8）当升降机在运行中由于断电或其他原因而中途停止时，可进行手动下降，将电动机尾端制动电磁铁手动释放拉手缓缓向外拉出，使梯笼缓慢地向下滑行。梯笼下滑时，不得超过额定运行速度，手动下降必须由专业维修人员进行操作。

（9）作业后，应将梯笼降到底层，各控制开关拨到零位，切断电源，锁好开关箱，闭锁梯笼门和围护门。按规定进行使用后的保养工作。

（10）雨后还应检查各电气元件的受潮情况。发现问题及时处理。

3. 施工升降机的维护和保养

（1）每周保养

1）按操作说明，确定每天进行检查润滑；

2）确定小齿轮和压轮在驱动底板上可靠坚固，同时检查驱动底板螺栓固定情况；

3）检查制动器的制动力矩参阅使用说明制动器制动力矩检查要求；

4）检查减速器的油位，必要时补充新油；

5）检查吊笼门和围栏门的连锁装置，上下行程等安全保护开关；

6）检查吊笼所有门的安全联锁装置；

7）检查电缆导轨架上的上限块位置是否正确；

8）检查电缆导架的护栏情况；

9）检查电缆支撑壁和电缆导架间的相对位置；

10）检查所有标准节和斜支撑的连接点，同时检查齿条的紧固螺栓；

11）保持电动机冷却翼板及机构清洁；

12）确保电动电缆与电气线路无破损；

13）检查对重导向轮的调整和固定情况。检查钢丝绳的均衡装置，天轮和对重钢丝绳托架；

14）检查附壁支架支杆梁之间螺栓，扣环紧固情况，松动变位的应校正坚固。

（2）每月保养

1）检查每周检查项目；

2）检查小齿轮和齿条磨损情况，参见使用说明要求；

3）用塞尺检查涡轮减速器的涡轮磨损情况，参见使用说明要求；

4）检查导向轮磨损与间隙情况。

（3）每季度保养

1）检查每月所检查项目；

2）检查滚珠轴承的间隙，吊轮导向轮的磨损，如滚轮被磨损必须调整或更换、如轴承被磨损则更换导向轮和周轮；

3）坠落试验检查安全限速器制停距离是否符合要求。

（4）设备转场保养

1）检查电动机和涡轮减速器之间的联轴器。并拆检减速箱，清洗各部件和密封件更换过度磨损和变形零件及润滑油；

2）对吊笼及导轨架等结构件锈蚀进行清理除锈补漆，对锈蚀比较严重的受力杆进行补漆处理；

3）调整修复各安全门及机械联锁装置；

4）检查润滑钢丝绳和各扣卡件，有磨损过度必须更换；

5）清洗检查天轮架总成，修复或更换新件；

6）检查清洗休整电气控制线路及操作台板开关器件，如线路有老化现象必须更换；

7）检查清洗驱动齿轮及各向轮，如有过度磨损必须更换；

8）检查限速器使用期限是否过期，如超出使用期限，必须送有检测资质的认可单位检测标定。

三、土石方机械

（一）单斗挖掘机

1. 单斗挖掘机使用前的准备与检查

（1）单斗挖掘机的作业和行走场地应平整坚实，对松软地面应垫以枕木或垫板，沼泽地区应先作路基处理或更换湿地专用履带板。

（2）平整作业场地时，不得用铲斗进行横扫或用铲斗对地面进行作业。

（3）挖掘岩石时，应先进行爆破。挖掘冻土时，应采用破冰锤或爆破法使冻土层破碎。

（4）挖掘机正铲作业时，除松散土壤外，其最大开挖高度和深度，不应超过机械本身性能规定。在拉铲或反铲作业时，履带与工作面边缘距离应大于1.0m，轮胎与工作面边缘距离应大于1.5m。

（5）作业前重点检查项目应符合下列要求：

1）照明、信号及报警装置等齐全有效；

2）燃油、润滑油、液压油符合规定；

3）各铰接部分连接可靠；

4）液压系统无泄漏现象；

5）轮胎气压符合使用说明书规定。

2. 单斗挖掘机使用中的安全操作要点

（1）作业时，挖掘机应保持水平位置，将行走机构制动，并将履带或轮胎楔紧。

（2）遇较大的坚硬石块或障碍物时，应待清除后方可开挖，不得用铲斗破碎石块、冻土，或用单边斗齿硬啃。

（3）挖掘悬崖时，应采取防护措施。作业面不得留有伞沿及松动的大块石，当发现有塌方危险时，应立即处理或将挖掘机撤至安全地带。

（4）作业时，应待机身停稳后再挖土，当铲斗未离开作业面时，不得作回转、行走等动作。回转制动时，应使用回转制动器，不得用转向离合器反转制动。

（5）作业时，各操纵过程应平稳，不宜紧急制动。铲斗升降不得过猛，下降时，不得撞碰车架或履带。

（6）斗臂在抬高及回转时，不得碰到洞壁、沟槽侧面或其他物体。

（7）向运土车辆装车时，宜降低挖铲斗，减少卸落高度，不得偏装或砸坏车厢。在汽车未停稳或铲斗需越过驾驶室及司机未离开前不得装车。

（8）作业过程中，有下列情况之一的，应按下列要求处理。

1）当液压缸伸缩将达到极限位时，应动作平稳，不得冲撞极限块；

2）当需制动时，应将变速阀置于低速位置；

3）当发现挖掘力突然变化，应停机检查，严禁在未查明原因前擅自调整分配阀压力；

4）作业中不得打开压力表开关，且不得将工况选择阀的操纵手柄放在高速挡位置；

5）反铲作业时，斗臂应停稳后再挖土。挖土时，斗柄伸出不宜过长，提斗不得过猛；

6）当履带式挖掘机作短距离行走时，主动轮应在后面，斗臂应在正前方与履带平行，制动住回转机构，铲斗应离地面1m。上、下坡道不得超过机械本身允许最大坡度，下坡应慢速行驶。不得在坡道上变速和空挡滑行。

3. 单斗挖掘机的维护和保养

（1）挖掘机不得停放在高边坡附近和填方区，应停放在坚实、平坦、安全的地带，将铲斗收回平放在地面上，所有操纵杆置于中位，关闭操作室和机棚。

（2）履带式挖掘机转移工地应采用平板拖车装运。短距离自行转移时，应低速缓行，每行走500～1000m，应对行走机构进行检查和润滑。

（3）保养或检修挖掘机时，除检查内燃机运行状态外，必须将内燃机熄火，并将液压系统卸荷，铲斗落地。

（4）利用铲斗将底盘顶起进行检修时，应使用垫木将抬起的轮胎垫稳，并用木楔将落地轮胎楔牢，然后将液压系统卸荷，否则严禁进入底盘下工作。

（二）挖掘装载机

1. 挖掘装载机使用前的准备与检查

（1）作业前重点检查项目应符合下列要求：

1）照明、信号及报警装置等齐全有效；

2）燃油、润滑油、液压油符合规定；

3）各铰接部分连接可靠；

4）液压系统无泄漏现象。

（2）挖掘作业前应先将装载斗翻转，使斗口朝地，并使前轮稍离开地面，踏下并锁住制动踏板，然后伸出支腿，使后轮离地并保持水平位置。

（3）应查明施工场地明、暗设置物（如电线、地下电缆、管道、坑道等）的地点及走向，并采用明显记号表示。严禁在离电缆1m距离以内作业。

2. 挖掘装载机使用安全操作要点

（1）作业时，操纵手柄应平稳，不得急剧移动；支臂下降时不得中途制动。挖掘时不得使用高速挡。

（2）在边坡、壕沟、凹坑卸料时，应有专人指挥，轮胎与沟、坑边缘的距离应大于1.5m。

（3）回转应平稳，不得撞击并用于砸实沟槽的侧面。

（4）动臂后端的缓冲块应保持完好；如有损坏时，应修复后方可使用。

（5）移位时，应将挖掘装置处于中间运输状态，收起支腿，提起提升臂后方可进行。

（6）装载作业前，应将挖掘装置的回转机构置于中间位置，并用拉板固定。

（7）在装载过程中，应使用低速挡。

（8）铲斗提升臂在举升时，不应使用阀的浮动位置。

（9）在前四阀工作时，后四阀不得同时进行工作。

（10）在行驶或作业中，除驾驶室外，挖掘装载机任何地方均严禁乘坐或站立人员。

（11）行驶中，不应高速和急转弯。下坡时不得空挡滑行。

（12）行驶时，支腿应完全收回，挖掘装置应固定牢靠，装载装置宜放低，铲斗和斗柄液压活塞杆应保持完全伸张位置。

（13）停放时间超过1h时，应支起支腿，使后轮离地；停放时间超过1d时，应使后轮离地，并应在后悬架下面用垫块支撑。

（14）停机前，发动机应怠速运转5min，切忌突然停车熄火。

（15）下列情况之一时应立即停工，待符合作业安全条件时，方可继续施工：

1）填挖区土体不稳定，有发生坍塌危险时；

2）气候突变，发生暴雨、水位暴涨或山洪暴发时；

3）在爆破警戒区内发生爆破信号时；

4）地面涌水冒泥，出现陷车或因雨发生坡道打滑时；

5）工作面净空不足以保证安全作业时。

（16）配合机械作业清底、平地、修坡等人员，应在机械回转半径以外工作。当必须在回转半径以内工作时，应停止机械回转并制动好后，方可作业。

3. 挖掘装载机的维护和保养

（1）挖掘装载机应停放在平坦、安全、不妨碍交通的地方，并将铲斗落到地面。

（2）在修理（焊、铆等）工作装置时，应使其降到最低位置，并应在悬空部位垫上垫木（注意机械运行中，严禁接触转动部位和进行检修）。

（3）按保修规程的规定，对装载机进行例保。

1）一天工作结束时，应对整台机器进行必要的检查、清洗、维修，以润滑和紧固为主；

2）清除零部件表面的泥土和油污，履带部分要及时冲洗；

3）检查机身各紧固件是否有松动，紧固松动件；

4）检查整车的行走；

5）检查液压油是否充足，是否有漏油，及时查处原因并补充；

6）检查电控箱、电气线路有无异常、破损；

7）检查转向装置是否灵活；

8）检查各液压油缸是否伸缩自如，油缸是否有划痕，油管接头有无渗漏现象，若有应及时查明原因并排除；

9）检查各销轴部位是否灵活，在各油杯处、销轴部位加润滑油。

（4）每周还需保养一次（一级保养），以调整为主；每月也需保养一次（二级保养），以检查液压和电器系统为主。

（三）推土机

1. 推土机作业前的准备与检查

（1）发动机部分按柴油机操作规程进行检查与准备。了解作业区的地势和土壤种类等。

（2）起动前，应将所有的控制杆置于“中间”或“固定”位置。履带推土机的履带松紧要适度，且左右均匀。轮胎推土机轮胎气压必须符合要求，且各轮胎气压应保持一致。

（3）检查燃油、润滑和冷却系统，不得有渗漏现象，冷却水应足够，油位正常。进行保修时。发动机必须熄火，推土机的推土铲及松土器必须放下，制动锁杆要在“锁住”位置。

（4）检查电气系统、操作系统及工作装置，各部分必须处于良好的工作状态，必要时进行调整；检查各仪表是否正常。

（5）发动机传动部分带有胶带连接的推土机，不得用其他机械推拉启动，以免打坏锁轴。

2. 推土机作业中的使用要点

（1）除驾驶室之外，机上禁止载人；行驶中任何人不得上下推土机。

（2）行驶时，铲刀应离地面 40～50cm。

（3）严禁在运转中，或在斜坡上，进行紧固、润滑保养和修理推土机。

（4）上下斜坡时，先选择最合适的斜坡运行速度，在斜坡上不得改变运行速度。行驶时，应直接向上或向下行驶，不得横向或对角线行驶。下坡时，禁止空挡滑行或高速行驶；下陡坡时，应放下推土铲使之与地面接触，倒退下坡。避免在斜坡上转弯掉头。

（5）在坡地工作时，若发动机熄火，应立即将推土机制动，用三角木等将推土机履带楔紧后，将离合器杆置于脱开位置，变速杆置于空挡位置，方能启动发动机，以防推土机溜坡。

（6）工作中驾驶员需要离开机器时，必须将操纵杆置于空挡位置，将推土机铲刀放下并将机器制动，熄灭发动机后方可离开。

（7）在危险或视线受限的地方，一定要下机检视，确认能安全作业后方能继续工作。严禁推土机在倾斜的状态下爬过障碍物；爬过障碍物时不得脱开一个离合器。

（8）避免突然起步、加速或停止；避免高速行驶或急转弯。

（9）填沟或回填土时，禁止推土机铲超出沟槽边缘，可用一铲顶一铲的推土方法填土，并换好倒车挡后，才能提升推土铲进行倒车。在深沟、陡坡的施工现场作业时，应由专人指挥，以确保安全。

（10）多台推土机在施工现场联合作业时，前后距离应大于 8m；左右距离应大于 1.5m。若工程需要并铲作业时，必须用机械性能良好、机型相同的推土机，驾驶员必须技术熟练。

（11）在垂直边坡的沟槽作业时，对于大型推土机，沟槽深度不得超过 2m；对小型推土机，沟槽深度不得超过 1.5m。若沟槽深度超过上述规定值时，必须按规定放安全装置或采取其他安全措施后，方可进行施工。

（12）轮胎推土机用于除冰、除雪作业时，轮胎要加防滑链。用于清除石料作业时，要加装轮胎保护链。工作现场有电线杆时，应根据电线杆的结构、埋入深度和土质情况，使其周围保持一定的安全土堆。电压超过 380V 的高压线，其保留土堆大小应征得电业部门的同意。

（13）在爆破现场作业时，爆破前，必须把推土机开到安全地带。进入现场前，操作人员必须了解现场有无瞎炮等情况，确认安全后，方可将推土机开入现场。如发现有不安全之处，必须待处理后再继续施工。

3. 推土机的维护和保养

（1）推土机应停放在安全、平坦、坚实且不妨碍交通的地方。冬季应选择背风向阳的地方，将发动机朝阳，铲刀放下着地。

（2）推土机长途转移工地时，应采用平板拖车装运。短途行走转移时，距离不宜超过10km，并在行走过程中应经常检查和润滑行走装置。

（3）熄火前应让发动机怠速5min，熄火后把便速杆置于空挡位置，把制动杆、安全锁杆置于锁住位置。并按规定对推土机进行例行保养。在推土机下面检修时，内燃机必须熄火，铲刀应放下或垫稳。

（4）每日保养项目如下：

1）检查是否漏油，漏水；

2）检查各部螺栓螺母是否松动；

3）检查电线是否短路，短线，接触不良等；

4）检查冷却水是否注满；

5）检查燃油量；

6）检查发动机油底壳油量；

7）检查变速箱，最终传动油量；

8）检查主离合器油量；

9）检查转向杆行程；

10）检查制动踏板行程；

11）检查各仪表读数是否正常，特别注意机油压力；

12）排除柴油箱中水及沉淀物；

13）主离合器主动盘轴承，接合机构的滚珠轴承及移动套（3处）。

（5）使用200h后需保养主离合器：

1）加润滑脂用2号锂基润滑脂，对（撑杆球绞、活塞杆头、油缸支架、油缸支承、顶推架销轴、张力油缸、转向离合器分离轴承、冷却风扇转轴）等部位；

2）对一些部位进行油量检查与补充（最终传动箱、液压操纵箱、主离合器、检查电池组液面、检查冷启动装置）；

3）检查履带板螺栓是否松弛，其紧固力矩为600～700Nm。

（6）注意：新机使用100h，应将主离合器油更换并清洗其过滤器滤芯，以后每使用1000h更换一次油，并清洗其过滤器滤芯，此点适用于湿式主离合器。

（四）拖式铲运机

1. 拖式铲运机作业前的准备与检查

（1）铲运机作业区应无树根、树桩、大的石块和过多的杂草等。

（2）铲运机行驶道路应平整结实，路面比机身应宽出2m。

（3）作业前，应检查钢丝绳、轮胎气压、铲土斗及卸土板回缩弹簧、拖把万向接头、撑架以及各部滑轮等；液压式铲运机铲斗与拖拉机连接的插座与牵引连接块应锁定，各液压管路连接应可靠，确认正常后，方可启动。

2. 拖式铲运机作业中的安全操作要点

（1）开动前，应使铲斗离开地面，机械周围应无障碍物，确认安全后，方可开动。

（2）作业中，严禁任何人上下机械，传递物件。

（3）多台铲运机联合作业时，各机之间前后距离不得小于10m（铲土时不得小于5m）左右距离不得小于2m。行驶中，应遵守下坡让上坡、空载让重载、支线让干线的原则。

（4）在狭窄地段运行时，未经前机同意，后机不得超越。两机交会或超越平行时应减速，两机间距不得小于0.5m。

（5）铲运机上、下坡道时，应低速行驶，不得中途换挡，下坡时不得空挡滑行，行驶的横向坡度不得超过6°，坡宽应大于机身2m以上。

（6）在新填筑的土堤上作业时，离堤坡边缘不得小于1m。需要在斜坡横向作业时，应先将斜坡挖填，使机身保持平衡。

（7）在坡道上不得进行检修作业。在陡坡上严禁转弯、倒车或停车。在坡上熄火时应将铲斗落地，制动牢靠后再行启动。下陡坡时，应将铲斗触地行驶，帮助制动。

（8）铲土时，铲斗与机身应保持直线行驶。助铲时应有助铲装置，应正确掌握斗门开启的大小，不得切土过深。两机动作应协调配合，做到平稳接触，等速助铲。

（9）在下陡坡铲土时，铲斗装满后，在铲斗后轮未到达缓坡地段前，不得将铲斗提离地面，应防铲斗快速下滑冲击主机。

（10）在凹凸不平地段行驶转弯时，应放低铲斗，不得将铲斗提升到最高位置。

（11）拖拉陷车时，应有专人指挥，前后操作人员应协调，确认安全后，方可起步。

（12）夜间作业时，前后照明应齐全完好，前大灯应能照至30m；当对方来车时，应在100m以外将大灯光改为小灯光，并低速靠边行驶。

（13）作业后，应将铲运机停放在平坦地面，并应将铲斗落在地面上。液压操纵的铲运机应将液压缸缩回，将操纵杆放在中间位置，进行清洁、润滑后，锁好门窗。

（14）非作业行驶时，铲斗必须用锁紧链条挂牢在运输行驶位置上，机上任何部位均不得载人或装载易燃、易爆物品。

3. 拖式铲运机的维护和保养

（1）维护保养。

1）铲运机主要部件由前车架、后车架、发动机总成、传动系统四个部分组成。维护保养工作占60%，是保证铲运机无故障和经济地安全生产操作、延长铲运机使用寿命、降低成本的主要措施。主动查明铲运机的故障和隐患并及时排除、使铲运机经常保持良好的技术状态。

2）日常维护保养主要做好检查、清洁、防腐、紧固，调整各润滑部位、管接头无漏油现象存在。先导系统、转向系统、铲斗液压系统的压力测试、电气系统、蓄电池、焊接应符合维护手册第二节中的规定值和要求。

3）首次使用50h后，应更换变速箱、发动机、燃油滤芯和发动机机油，拧紧各种连接螺栓、气门间隙、空滤清器、管道不漏气，调整皮带、检查外观、无泄漏。

（2）铲运机的润滑：

铲运机的变速箱、液压系统和制动液压系统等润滑应按设备说明书要求加注。

（3）维护保养周期（每班）：

1）检查发动机油位、传动皮带状况；

2）检查空气滤清器总成、进、排气管和接头有无漏气；

3）检查变速箱、液压油、制动液压油油位及各主要部件无漏油；向各润滑油嘴加注润滑脂；向燃油箱内加燃油；

4）检查轮胎和车轮螺母，测试行驶制动器是否灵活可靠；

5）检查行驶灯和工作灯，各种功能的表计和指示灯，其读数值应在规定的范围内。

（4）维护保养周期（每周）：

1）检查轮胎压力：前轮 5.5bar（1bar＝10^5Pa）；后轮 4.0bar；

2）对变速箱和转向液压系统进行测试。

（5）工作 125h：

1）检查车轮螺母的拧紧扭矩；

2）清洁驾驶室，发动机舱及冷却系统，顶棚门和锁的状态；

3）检查接线盒、电线、仪表盘是否符合要求；

4）向传动轴和轴承加注黄油。

（6）工作 250h：

1）检查发动机安装垫状态，更换机油及机油滤芯；

2）清洁排尘槽，更换空气滤芯；

3）检查蓄电池液位，连接线、并进行清洁；

4）检查行星齿轮减速箱和差速器的油位，更换高压液流冲洗制动管路的回油滤芯；

5）检查中央铰接有无磨损迹象；

6）向座椅连杆、制动器和油门踏板连杆、车门和格子门铰链、大臂/铲斗销的固定端加注黄油。

（7）工作 500h：

1）检查发动机油和滤芯、清洗离心式油过滤器；

2）检查气门间隙、排气系统紧固件、交流发电机；

3）检查桥的紧固件和摆动桥的紧固程度，传动系统法兰和螺栓的拧紧扭矩；测量制动摩擦衬片的磨损；

4）更换变速箱油滤芯、铲斗和转向液压系统的回油滤芯、液压油箱的呼吸滤芯、制动液压系统的高压油滤芯；

5）更换制动液压油；排放燃油箱中的水；

6）用千分表检查中央铰接，间隙应在 0.2～0.4mm 范围内。

（8）工作 1000h：

1）检查排气催化净化器；

2）更换前后差速器和行星齿轮减速箱的油、变速箱的油和滤芯，液压油；

3）测试液压油压力（油温应在 60～80℃时）铲斗液压系统压力、转向系统压力应在发动机规定转速下的压力值；

4）检查蓄能器的预充压力：制动系统 9.0MPa、先导系统 1.2MPa；

5）更换燃油滤芯；

6）调整制动器间隙调节装置。

（五）自行式铲运机

1. 自行式铲运机使用前的准备与检查

（1）应查明施工场地明、暗设置物（电线、地下电缆、管道、坑道等）的地点及走向，并采用明显记号表示。严禁在离电缆 1m 距离以内作业。

（2）自行式铲运机的行驶道路应平整坚实，单行道宽度不应小于 5.5m。

（3）多台铲运机联合作业时，前后距离不得小于 20m（铲土时不得小于 10m），左右距离不得小于 2m。

（4）作业前，应检查铲运机的转向和制动系统，并确认其灵敏可靠。

2. 自行式铲运机使用中的安全操作要点

（1）铲土或在利用推土机助铲时，应随时微调转向盘，铲运机应始终保持直线前进不得在转弯情况下铲土。

（2）下坡时，不得空挡滑行，应踩下制动踏板辅以内燃机制动，必要时可放下铲斗，降低下滑速度。

（3）转弯时，应采用较大回转半径低速转向，操纵转向盘不得过猛；当重载行驶或在道上、下坡时，应缓慢转向。

（4）不得在大于 15°的横坡上行驶，也不得在横坡上铲土。

（5）沿沟边或填方边坡作业时，轮胎离路肩不得小于 0.7m，并应放低铲斗，降速缓行。

（6）在坡道上不得进行检修作业。在坡道上熄火时，应立即制动，下降铲斗，把变速放在空挡位置，然后方可启动内燃机。

（7）穿越泥泞或软地面时，铲运机应直线行驶，当一侧轮胎打滑时，可踏下差速器止踏板。当离开不良地面时，应停止使用差速器锁止踏板。不得在差速器锁止时转弯。

（8）夜间作业时，前后照明应齐全完好，前大灯应能照至 30m；当对方来车时，应在 100m 以外将大灯光改为小灯光，并低速靠边行驶。

（9）在行驶后铲斗必须用锁紧链条挂牢在运输行驶位置上，机上任何部位均不得载人或装载易燃、易爆物品。

3. 自行式铲运机的维护和保养

（1）使用后的检查维护保养工作：

1）清洗机器；

2）在干燥、平整的地面上停车；

3）放下大臂和铲斗，全部的操作控制杆为中位；

4）检查机器的外表有无损坏和有无松动的螺栓、螺母，检查离地较低的工作部件有无刮碰损坏；

5）如果铲运机要长时间停放时，缩回全部液压油缸，油缸活塞杆暴露部分应用布覆盖；拆下电瓶。

（2）平时的维护和保养应注意下列要求：

1）班前点检消除设备故障隐患，减少停机时间及损失；

2）保养（预防性维修，减少设备故障，杜绝事故发生，降低设备维修成本，延长设备使用寿命；预防为主，养修并重）；

3）例行保养：日常维护检查，由操作工、维修工完成；

4）走合期保养：新机或大修后的设备走合期完成后，进行相关项目的保养；

5）定期保养：周期保养内容，避免过保和漏保；

6）按发动机运转小时数保养；

7）按日历天数保养；

8）换季保养；

9）停放/封存保养。

（六）静作用压路机

1. 静作用压路机使用前的准备与检查

（1）压路机碾压的工作面，应经过适当平整，对新填的松软路基，应先用羊足碾或打夯机逐层碾压或夯实后，方可用压路机碾压。

（2）当土的含水量超过30%时不得碾压，含水量少于5%时，宜适当洒水。

（3）工作地段的纵坡不应超过压路机最大爬坡能力，横坡不应大于20°。

（4）应根据碾压要求选择机重。当光轮压路机需要增加机重时，可在滚轮内加砂或水。当气温降至0℃时，不得用水增重。

（5）轮胎压路机不宜在大块石基础层上作业。

（6）作业前，各系统管路及接头部分应无裂纹、松动和泄漏现象，滚轮的刮泥板应平整良好，各紧固件不得松动，轮胎压路机还应检查轮胎气压，确认正常后方可启动。

2. 静作用压路机使用中的安全操作要点

（1）启动后，应进行试运转，确认运转正常，制动及转向功能灵敏可靠，方可作业。开动前，压路机周围应无障碍物或人员。

（2）碾压时应低速行驶，变速时必须停机。速度宜控制在3～4km/h范围内，在一个碾压行程中不得变速。碾压过程中应保持正确的行驶方向，碾压第二行时必须与第一行重叠半个滚轮压痕。

（3）变换压路机前进、后退方向，应待滚轮停止后进行。不得利用换向离合器作制动用。

（4）在新建道路上进行碾压时，应从中间向两侧碾压。碾压时，距路基边缘不应少于0.5m。

（5）修筑坑边道路时，应由里侧向外侧碾压，距路基边缘不应少于1m。

（6）上、下坡时，应事先选好挡位，不得在坡上换挡，下坡时不得空挡滑行。

（7）两台以上压路机同时作业时，前后间距不得小于3m，在坡道上不得纵队行驶。

（8）在运行中，不得进行修理或加油。需要在机械底部进行修理时，应将内燃机熄火，刹车制动，并揳住滚轮。

（9）对有差速器锁住装置的三轮压路机，当只有一只轮子打滑时，方可使用差速器锁住装置，但不得转弯。

（10）作业后，应将压路机停放在平坦坚实的地方，并制动住。不得停放在土路边缘及斜坡上，也不得停放在妨碍交通的地方。

3. 静作用压路机的维护和保养

（1）压路机的清洁：

1）压路机每次作业完毕后，必须洗掉其上的污物和灰尘，此时应特别注意柴油机、发电机、起动马达、喷油泵、喷油器、液压泵等，以及液压管路的外表的清洁，必须用干燥柔软的抹布把这些地方擦干净；

2）压路机如果停放较长时间，必须放出发动机水箱内的水（在冬天气候寒冷，每天作业完毕后就应放掉），仔细清洗掉机器上的污物和灰尘，用煤油擦洗各部件的外表面和一切润滑孔并注一次油脂，对未涂漆的外露部分应涂黄油或防锈胶。

（2）压路机的贮存：

压路机应贮存在干燥的库房内，禁止存放无关物品及汽油，万一在雨天露天停放时，停放地面应保持干燥，必须用防雨布把它盖好。

（3）压路机的润滑：

压路机的润滑除铰接处和转向油缸两端使用耐压的锂基润滑剂，其余均使用普通润滑剂。

（七）振动压路机

1. 振动压路机使用前的准备与检查

（1）振动压路机启动前应对照使用说明书检查各个系统中的油位、液位及冷却液是否正常、可靠，检查各连接部位的螺栓是否松动。

（2）检查电气系统是否完好。

（3）检查振动开关是否断开及变速箱挡位是否处于空挡。

（4）检查所有仪表、方向盘、制动系统、车灯和喇叭是否正常、安全可靠。

（5）在上压路机前要确保压路机附近或下面没有任何人员或障碍物。

2. 振动压路机使用中的安全操作要点

（1）作业时，压路机应先起步后才能起振，内燃机应先置于中速，然后再调至高速。

（2）变速与换向时应先停机，变速时应降低内燃机转速。

（3）严禁压路机在坚实的地面上进行振动。

（4）碾压松软路基时，应先在不振动情况下碾压1～2遍，然后再振动碾压。

（5）碾压时，振动频率应保持一致。对可调振频的振动压路机，应先调好振动频率后再作业。

（6）换向离合器、起振离合器和制动器的调整，应在主离合器脱开后进行。

（7）上、下坡时，不得使用快速挡。在急转弯时，包括铰接式振动压路机在小转弯绕圈碾压时，严禁使用快速挡。

(8) 压路机在高速行驶时不得接合振动。

(9) 停机时应先停振，然后将换向机构置于中间位置，变速器置于空挡，最后拉起手制动操纵杆，内燃机怠速运转数分钟后熄火。

(10) 作业后，应将压路机停放在平坦坚实的地方，并制动住。不得停放在土路边缘及斜坡上，也不得停放在妨碍交通的地方。

3. 振动压路机的维护和保养

(1) 振动压路机在开始保养工作前应彻底清洁机器和发动机；在开始进行保养工作时将机器停放在平坦的地面上；在液压管路上进行工作前先将管路卸压；开始在电气系统上工作前先切断主电瓶电源并用绝缘材料将电瓶覆盖，在机器转向铰接区内工作前，始终使用转向铰接锁。

(2) 清除压路机表面堆积的泥土和粘沙，清除发动机、液压元件和各部件表面上的尘土油垢。注意切莫将污物弄进加油口和空气滤清器内。

(3) 检查压路机各部件的连接和紧固情况，特别要检查减振块是否在正常压缩状态下工作，轴承座与振动轮的连接螺栓，驱动轮的轮辋连接螺栓是否松动或断裂，对松动或断裂的给予紧固或更换。检查和排除发动机各部位的渗漏情况。

(4) 检查发动机的机油、燃油及液压油油量并按规定加入新油至规定的油标指示刻度，各润滑油嘴加注润滑油。

(八) 平地机

1. 平地机作业前的准备与检查

(1) 检查平地机四周有无障碍物及其他危及安全作业的因素，并让无关人员离开作业现场，确保安全施工。根据日常保养要求，仔细检查平地机有无部件松动、丢失、过度磨损、泥沙堆积、液体渗漏及轮胎磨损和气压降低等情况，发现情况应予以排除。

1) 在平整不平度较大的地面时，应先用推土机推平，再用平地机平整；

2) 平地机作业区应无树根、石块等障碍物，对土质坚实的地面，应先用齿耙翻松；

3) 作业区的水准点及导线控制桩的位置、数据应清楚，放线、验线工作应提前完成。

(2) 检查液压油、变速器的润滑油、燃油箱、蓄电池电压、灯光、警示灯、安全标志等是否正常；检查液压控制器、制动器、行车制动、发动机、节气门踏板、离合器及踏板的工作是否正常。

(3) 将操纵手柄、变速器操纵杆置于空挡位置，其余手柄均置于中间位置，启动发动机，检查有无异常声响，左右转向功能是否正常。检查各仪表、灯光指示、喇叭等工作是否正常。

(4) 将刮刀等作业装置置于运输状态，检查其是否完好，动作是否正常。对铰接式平地机，检查其铰接转向装置是否完好。在行驶前，需将前、后轮调整在一条直线上。

2. 平地机使用中的操作要点

(1) 不得用牵引法强制启动内燃机，也不得用平地机拖拉其他机械。

(2) 启动后，各仪表指示值应符合要求，待内燃机运转正常后，方可开动。

1) 启动发动机时，时间一次不得超过30s。如需再次启动，须将钥匙转回关闭位置，待 2min 后再启动。在作业过程中，如遇报警信号灯闪亮或报警器鸣响时，应尽快停止平地机的工作。

2）发动机启动后，各仪表读数均应在规定值的范围内。发动机运转时，不得操作冷启动开关；否则会造成发动机严重损坏。

（3）起步前，检视机械周围应无障碍物及行人，先鸣笛示意后，用低速挡起步，并应测试确认制动器灵敏有效。

（4）作业时，应先将刮刀下降到接近地面，起步后再下降刮刀铲土。铲土时，应根据铲土阻力大小，随时少量调整刮刀的切土深度，刮刀的升降量差不宜过大，防止造成波浪形工作面。

（5）刮刀的回转、铲土角的调整以及向机外侧斜，都必须在停机时进行；但刮刀左右端的升降动作，可在机械行驶中随时调整。

（6）各类铲刮作业都应低速行驶，角铲土和使用齿耙时必须用一挡；刮土和平整作业可用二、三挡。换挡必须在停机时进行。

（7）遇到坚硬土质需用齿耙翻松时，应缓慢下齿，不得使用齿耙翻松石块或混凝土路面。

（8）使用平地机清除积雪时，应在轮胎上安装防滑链，并应逐段探明路面的深坑、沟槽情况。

（9）平地机在转弯或调头时，应使用低速挡；在正常行驶时，应采用前轮转向，当场地特别狭小时，方可使用前、后轮同时转向。

（10）行驶时，应将刮刀和齿耙升到最高位置，并将刮刀斜放，刮刀两端不得超出后轮外侧。行驶速度不得超过使用说明书规定。下坡时，不得空挡滑行。

（11）作业中，应随时注意变矩器油温，超过 120℃时应立即停止作业，待降温后再继续工作。

（12）把平地机停放在平地上，变速器置于空挡位置，拉上驻车制动，刮刀及附属工作装置降至地面，但不得向下施压，以减轻液压油缸的负荷，关掉发动机，把蓄电池开关拨到断开位置，取下点火钥匙。

3. 平地机的维护和保养

（1）及时检查燃油箱存油量。按时将油箱加满，加油时，不得加至油箱顶口，以防温度升高后，燃油溢出。

（2）检查燃油箱、油管。每日班前排放油箱内的积水及沉淀物，油箱及油管如有渗漏，应予排除。

（3）检查油底壳机油面。发动机停止后检测，机油为凉时，油面应达到油标尺“发动机停止”一侧的“安全启动范围”，发动机怠速运转，机油温热时，油面应达到油标尺“发动机运转”一侧的“充足”标记处。油量不足时，应予添加。

（4）检查冷却液液位。冷却液不足时，应予加足，保持冷却液面高出低水位板。

（5）检查散热器、滤清器软管、散热器盖及密封垫。

1）如有渗漏，应予排除；软管如损坏，应予更换。滤清器滤芯如有堵塞应予清洗或更换。散热器盖密封垫损坏者，应予更换。理直散热器心的变形散热翘，清除堵塞物和积尘。

2）在严寒季节，应经常检测防冻液的相对密度，以确保可靠的防冻保护。

（6）检查空气滤清器。当空气滤清器指示器的黄色柱塞进入红区或发动机排气冒黑烟时，应清洁粗滤器滤芯，视需要，更换精滤器滤芯。

（7）检查发动机零部件的紧固情况。各外部零件应连接牢固，如有松动，应予紧固。

（8）清洁发动机机身。擦净发动机机身及附属设备表面的油污。

（九）轮胎式装载机

1. 轮胎式装载机使用前的检查

（1）装载机运距超过合理距离时，应与自卸汽车配合装运作业。自卸汽车的车箱容积应与铲斗容量相匹配。

（2）装载机不得在倾斜度超过出厂规定的场地上作业。作业区内不得有障碍物及无关人员。

（3）装载机作业场地和行驶道路应平坦。在石方施工场地作业时，应在轮胎上加装保护链条或用钢质链板直边轮胎。

（4）作业前重点检查项目应符合下列要求：

1）照明、音响装置齐全有效；

2）燃油、润滑油、液压油符合规定；

3）各连接件无松动；

4）液压及液力传动系统无泄漏现象；

5）转向、制动系统灵敏有效；

6）轮胎气压符合规定。

2. 轮胎式装载机使用中的安全操作要点

（1）启动内燃机后，应急速空运转，各仪表指示值应正常，各部管路密封良好，待水温达到55℃、气压达到0.45MPa后，可起步行驶。

（2）起步前，应先鸣笛示意，宜将铲斗提升离地0.5m。行驶过程中应测试制动器的可靠性。行走路线应避开路障或高压线等。除规定的操作人员外，不得搭乘其他人员，严禁铲斗载人。

（3）高速行驶时应采用前两轮驱动；低速铲装时，应采用四轮驱动。行驶中，应避免突然转向。铲斗装载后升起行驶时，不得急转弯或紧急制动。

（4）在公路上行驶时应遵守交通规则，下坡不得空挡滑行。

（5）装料时，应根据物料的密度确定装载量，铲斗应从正面铲料，不得铲斗单边受力。卸料时，举臂翻转铲斗应低速缓慢动作。

（6）操纵手柄换向时，不应过急、过猛。满载操作时，铲臂不得快速下降。

（7）在松散不平的场地作业时，应把铲臂放在浮动位置，使铲斗平稳地推进；当推进阻力过大时，可稍稍提升铲臂。

（8）铲臂向上或向下动作到最大限度时，应速将操纵杆回到空挡位置。

（9）不得将铲斗提升到最高位置运输物料。运载物料时，宜保持铲臂下铰点离地面0.5m，并保持平稳行驶。

(10) 铲装或挖掘应避免铲斗偏载。铲斗装满后，应举臂到距地面约 0.5m 时，再后退、转向、卸料，不得在收斗或举臂过程中行走。

(11) 当铲装阻力较大，出现轮胎打滑时，应立即停止铲装，排除过载后再铲装。

(12) 在向自卸汽车装料时，铲斗不得在汽车驾驶室上方越过。当汽车驾驶室顶无防护板，装料时，驾驶室内不得有人。

(13) 在向自卸汽车装料时，宜降低铲斗，减小卸落高度，不得偏载、超载和砸坏车箱。

(14) 在边坡、壕沟、凹坑卸料时，轮胎离边缘距离应大于 1.5m，铲斗不宜过于伸出。在大于 3°的坡面上，不得前倾卸料。

(15) 作业时，内燃机水温不得超过 90℃，变矩器油温不得超过 110℃，当超过上述规定时，应停机降温。

(16) 作业后，装载机应停放在安全场地，铲斗平放在地面上，操纵杆置于中位，并制动锁定。

3. 轮胎式装载机的维护和保养

(1) 装载机转向架未锁闭时，严禁站在前后车架之间进行检修保养。

(2) 装载机铲臂升起后，在进行润滑或调整等作业之前，应装好安全销，或采取其他措施支住铲臂。

(3) 停车时，应使内燃机转速逐步降低，不得突然熄火；应防止液压油因惯性冲击而溢出油箱。

(4) 为保证制动系统始终处于良好的工作状态和延长装载机的使用寿命，要注意以下的保养。

1) 每天的保养项目（主要是装载机操作机手完成）：

①检查有无油、水、气的渗漏及机件过热现象；

②检查柴油机机油、冷却液和液压油液位；

③检查轮胎气压及损坏情况；

④检查仪表和灯光；

⑤各铰接点压注黄油。

2) 每 50h：

①检查紧固前后传动轴螺栓；

②检查变速箱油位；

③检查调整脚制动和手制动，制动加力器油量；

④检查油门操纵、变速操纵系统。

3) 每 100h：

①更换变速箱油（之后每 600h 更换），清洗油底壳滤网；

②更换发动机机油（之后每 600h 更换）；

③检查电瓶液液位，电瓶接线头涂凡士林；

④检查轮辋与制动盘螺栓、桥螺栓紧固情况；

⑤检查各紧固螺栓紧固情况。

4) 每 200h：

①检查前后桥油位；
②清洗空气滤清器（必要时更换滤芯）；
③清洗机油、柴油、变速箱油滤清器；
④测量轮胎气压为0.27～0.31MPa；
⑤检查工作装置、前后车架焊缝是否开裂；
⑥检查发电机、风扇皮带松紧度。
5）每600h：
①更换前后桥齿轮油（之后每1000h更换）；
②清洗柴油箱的吸油滤网；
③清除水箱、散热器表面的污染物；
④更换发动机机油，更换机油、柴油滤清器；
⑤更换变速箱油和油滤清器；
⑥检查发动机气门间隙。
6）每1200h：
①更换液压油、清洗或更换滤油器，清洗油箱；
②检查发动机的运转情况；
③检查液压系统工作情况；
④检查转向系统性能；
⑤检查制动系统性能，更换刹车油。
7）每2400h：
①按发动机的使用说明对发动机进行检修；
②对变速箱、变矩器进行解体检查；
③对前后桥进行检查。

（十）蛙式夯实机

1. 蛙式夯实机使用前的检查与准备

（1）蛙式夯实机应适用于夯实灰土和素土的地基、地坪及场地平整，不得夯实坚硬或软硬不一的地面、冻土及混有砖石碎块的杂土。

（2）作业前应重点检查以下项目：

1）漏电保护器灵敏有效，接零或接地及电缆线接头绝缘良好；
2）传动皮带松紧合适，皮带轮与偏心块安装牢固；
3）转动部分有防护装置，并进行试运转，确认正常后，方可作业；
4）负荷线应采用耐气候型的四芯橡皮护套软电缆。电缆线长应不大于50m。

2. 蛙式夯实机使用中的安全操作要点

（1）作业时夯实机扶手上的按钮开关和电动机的接线均应绝缘良好。当发现有漏电现象时，应立即切断电源，进行检修。

（2）夯实机作业时，应一人扶夯，一人传递电缆线，且必须戴绝缘手套和穿绝缘鞋。递线人员应跟随夯机后或两侧调顺电缆线，电缆线不得扭结或缠绕，且不得张拉过紧，应保持有3～4m的余量。

(3) 作业时，应防止电缆线被夯击。移动时，应将电缆线移至夯机后方，不得隔机抢扔电缆线，当转向倒线困难时，应停机调整。

(4) 作业时，手握扶手应保持机身平衡，不得用力向后压，并应随时调整行进方向。转弯时不得用力过猛，不得急转弯。

(5) 夯实填高土方时，应在边缘以内100～150mm夯实2～3遍后，再夯实边缘。

(6) 不得在斜坡上夯行，以防夯头后折。

(7) 夯实房心土时，夯板应避开钢筋混凝土基础及地下管道等地下构筑物。

(8) 在建筑物内部作业时，夯板或偏心块不得打在墙壁上。

(9) 多机作业时，其平行间距不得小于5m，前后间距不得小于10m。

(10) 夯机前进方向和夯机四周1m范围内，不得站立非操作人员。

(11) 夯机连续作业时间不应过长，当电动机超过额定温升时，应停机降温。

(12) 夯机发生故障时，应先切断电源，然后排除故障。

3. 蛙式夯实机的维护和保养

应切断电源，卷好电缆线，清除夯机上的泥土，并妥善保管。

(十一) 振动冲击夯

1. 振动冲击夯使用前的准备与检查

(1) 振动冲击夯应适用于黏性土、砂及砾石等散状物料的压实，不得在水泥路面和其他坚硬地面作业。

(2) 作业前应重点检查以下项目，并应符合下列要求：

1) 各部件连接良好，无松动；

2) 内燃冲击夯有足够的润滑油，油门控制器转动灵活；

3) 电动冲击夯有可靠的接零或接地，电缆线绝缘完好。

(3) 内燃冲击夯起动后，内燃机应怠速运转3～5min，然后逐渐加大油门，待夯机跳动稳定后，方可作业。

(4) 电动冲击夯在接通电源启动后，应检查电动机旋转方向，有错误时应倒换相线。

2. 振动冲击夯使用中的安全操作要点

(1) 作业时应正确掌握夯机，不得倾斜，手把不宜握得过紧，能控制夯机前进速度即可。

(2) 正常作业时，不得使劲往下压手把，影响夯机跳起高度。在较松的填料上作业或上坡时，可将手把稍向下压，并应能增加夯机前进速度。

(3) 在需要增加密实度的地方，可通过手把控制夯机在原地反复夯实。

(4) 根据作业要求，内燃冲击夯应通过调整油门的大小，在一定范围内改变夯机振动频率。

(5) 内燃冲击夯不宜在高速下连续作业。在内燃机高速运转时不得突然停车。

(6) 电动冲击夯应装有漏电保护装置，操作人员必须戴绝缘手套，穿绝缘鞋。作业时，电缆线不应拉得过紧，应经常检查线头安装不得松动。严禁冒雨作业。

（7）作业中，当冲击夯有异常的响声，应立即停机检查。

（8）当短距离转移时，应先将冲击夯手把稍向上抬起，将运转轮装入冲击夯的挂钩内，再压下手把，使重心后倾，方可推动手把转移冲击夯。

3. 振动冲击夯的维护和保养

（1）进行维护保养前必须关闭发动机。在维护保养过程中为了防止意外，必须将发动机火花塞罩取下。

（2）作业后，应清除夯板上的泥沙和附着物，保持夯机清洁，并妥善保管。特别要注意清洁空滤器：空滤器很脏时将阻止空气进入发动机，所以，为了使冲击夯能正常工作，必须经常清洁空滤器。

（3）更换发动机机油：

1）更换发动机机油时最好是热机，以保证能快速完全的排放机油；

2）拧下油标后，再拧下放油塞放掉机油；

3）装上放油塞并拧紧；

4）重新加注机油并检查油位是否符合要求，装上并拧紧油标。

（4）火花塞的维护保养：

1）取下火花塞罩，用相应的套筒扳手拧下火花塞；

2）看火花塞电极是否被电蚀和绝缘部分是否破裂，否则须更换火花塞。

（5）由于该机振动较大，使用后要检查连接螺栓有无松动，造成纸垫密封失效，纸垫在拆修中容易断裂，要防止造成检修后漏油。

（6）短途运输时一定要关好燃油开关，并保证发动机处于水平位置，以防燃油和发动机机油漏出；长途运输时必须放掉油箱中的汽油和发动机机油。

（7）贮藏前必须放掉油箱中的汽油，贮藏地必须干燥和干净：

1）将油门关掉，然后打开化油器沉淀杯；

2）打开油门，将汽油放入准备好的容器里；

3）放干汽油后重新拧紧化油器沉淀杯；

4）取下火花塞，并往气缸里面加入一汤匙机油，轻拉几下拉绳使机油分布均匀，然后再装上火花塞；

5）盖住发动机，以防灰尘。

（十二）强夯机械

1. 强夯机械使用前的检查与准备

（1）担任强夯作业的主机，应按照强夯等级的要求经过计算选用（用履带式起重机作主机的，应执行本书第2.1节规定）。

（2）强夯机械的门架、横梁、脱钩器等主要结构和部件的材料及制作质量，应经过严格检查，对不符合设计要求的，不得使用。

（3）夯机驾驶室挡风玻璃前应增设防护网。

（4）夯机的作业场地应平整，门架底座与夯机着地部位应保持水平，当下沉超过100mm时，应重新垫高。

（5）夯机在工作状态时，起重臂仰角应置于70°。

（6）梯形门架支腿不得前后错位，门架支腿在未支稳垫实前，不得提锤。变换夯位后，应重新检查门架支腿，确认稳固可靠，然后再将锤提升100～300mm，检查整机的稳定性，确认可靠后，方可作业。

2. 强夯机械使用中的安全操作要点

（1）夯锤下落后，在吊钩尚未降至夯锤吊环附近前，操作人员不得提前下坑挂钩。从坑中提锤时，严禁挂钩人员站在锤上随锤提升。

（2）夯锤起吊后，地面操作人员应迅速撤至安全距离以外，非强夯施工人员不得进入夯点30m范围内。

（3）夯锤升起如超过脱钩高度仍不能自动脱钩时，起重指挥应立即发出停车信号，将夯锤落下，待查明原因处理后方可继续施工。

（4）当夯锤留有相应的通气孔在作业中出现堵塞现象时，应随时清理。但不应在锤下进行清理。

（5）当夯坑内有积水或因黏土产生的锤底吸附力增大时，应采取措施排除，不得强行提锤。

（6）转移夯点时，夯锤应由辅机协助转移，门架随夯机移动前，支腿离地面高度不得超过500mm。

（7）作业后，应将夯锤下降，放实在地面上。在非作业时间不得将锤悬挂在空中。

3. 强夯机械使后的维护和保养

（1）强夯机应经常保持清洁，每次作业后，应擦净驾驶室各玻璃的泥土。对外漏的加工表面应涂上黄油，防止生锈；各润滑点需按润滑表要求进行黄油的加注；并保持钢丝绳的润滑和清洁。

（2）对强夯机作业部分经常做的检查有：液压系统油路有无渗漏现象，各油管连接是否松动；油泵连接部分是否紧固可靠；钢丝绳是否损坏严重；主卷扬是否漏油；各仪表、指示灯、安全装置是否工作正常。

（3）经常检查结构连接螺栓，焊接部分及结构件是否有损坏、变形或松动的现象。

（4）强夯机下车部分经常做的检查有：

1）行走装置各部分是否正常；

2）行走减速机齿轮油量是否合适；履带板是否有断裂、变形现象；

3）行走动作是否正常；引导轮、支重轮、拖轮、驱动轮是否正常有无漏油现象。

（5）液压油的选用和更换：

1）根据环境温度选用液压油，若环境温度较低时应采用黏度较低的液压油，反之，要采用黏度较高的液压油，一般冬季用油牌号是L-HL32，夏季用L-HL46；

2）液压油使用12个月或工作1200h后，一般进行更换。每次换油时，应仔细清洗油箱和过滤器，加油时应通过加油滤网注入。

四、运输机械

（一）自卸汽车

1. 自卸汽车使用前的准备与检查

（1）各润滑装置齐全，过滤清洁有效；

（2）离合器结合平稳、工作可靠、操作灵活，踏板行程符合有关规定；

（3）制动系统各部件连接可靠，管路畅通；

（4）灯光、喇叭、指示仪表等应齐全完整；

（5）轮胎气压应符合要求；

（6）燃油、润滑油、冷却水等应添加充足；

（7）燃油箱应加锁；

（8）无漏水、漏油、漏气、漏电现象。

2. 自卸汽车使用中的安全操作要点

（1）自卸汽车应保持顶升液压系统完好，工作平稳。操纵灵活，不得有卡阻现象。各节液压缸表面应保持清洁。

（2）非顶升作业时，应将顶升操纵杆放在空挡位置。顶升前，应拔出车厢固定锁。作业后，应插入车厢固定锁。固定锁应无裂纹，且插入或拔出灵活、可靠。在行驶过程中车厢挡板不得自行打开。

（3）配合挖掘机、装载机装料时，自卸汽车就位后应拉紧手制动器，在铲斗需越过驾驶室时，驾驶室内严禁有人。

（4）卸料前，应听从现场专业人员指挥。在确认车厢上方无电线或障碍物，四周无人员来往后将车停稳，举升车厢时，应控制内燃机中速运转，当车箱升到顶点时，应降低内燃机转速，减少车厢振动，不得边卸边行驶。

（5）向坑洼地区卸料时，应和坑边保持安全距离，防止塌方翻车。严禁在斜坡侧向倾卸。

（6）卸完料并及时使车厢复位后，方可起步。不得在车厢倾斜的举升状态下行驶。

（7）自卸汽车严禁装运爆破器材。

（8）车厢举升后需要进行检修、润滑等作业时，应将车厢支撑牢靠后，方可进入车厢下面工作。

（9）装运混凝土或黏性物料后，应将车厢内外清洗干净，防止凝结在车厢上。

（10）自卸汽车装运散料时，应有防止散落的措施。

3. 自卸汽车的维护和保养

（1）在车底进行保养、检修时，应将内燃机熄火，拉紧手制动器并将车轮楔牢。

（2）车辆经修理后需要试车时，应由专业人员驾驶，当需在道路上试车时，必须事先报经公安、公路有关部门的批准。

（3）气温在0℃以下时，如过夜停放，应将水箱内的水放尽。

（4）具体保养如下：

1）经常擦洗，开车的时候注意避免磕磕碰碰，保持车内的卫生清洁，最好放些空气清新剂之类的；

2）下雪天不要将它放在外面，最好是放在有空调的车库里，每月多做几次保养；

3）建议在不用自卸车的时候经常给车打打黄油，特别是液压缸要勤打；

4）如果要拉矿石之类的材料用车，宜把车厢里面用铁每隔10kg焊一下，这样可以保护车厢不被砸变形；

5）车上有小毛病要尽快解决。

（二）平板拖车

1. 平板拖车使用前的准备与检查

（1）拖车的车轮制动器和制动灯、转向灯等配备齐全，并与牵引车的制动器和灯光信号同时起作用。

（2）行车前，应检查并确认拖挂装置、制动气管、电缆接头等连接良好，且轮胎气压符合规定。

2. 平板拖车使用中的安全操作要点

（1）拖车装卸机械时，应停在平坦坚实处，轮胎应制动并用三角木楔紧。装车时应调整好机械在拖车板上的位置，达到各轴负荷分配合理。

（2）平板拖车的跳板应坚实，在装卸履带式起重机、挖掘机、压路机时，跳板与地面夹角不应大于15°；在装卸履带式推土机、拖拉机时夹角不应大于25°。装卸车时应有熟练的驾驶人员操作，并应由专人统一指挥。上、下车动作应平稳，不得在跳板上调整方向。

（3）平板拖车装运履带式起重机，其起重臂应拆短，使它不超过机棚最高点，起重臂向后，吊钩不得自由晃动。拖车转弯时应降低速度。

（4）推土机的铲刀宽度超过平板拖车宽度时，应先拆除铲刀后再装运。

（5）机械装车后，各制动器应制动住，各保险装置应锁牢，履带或车轮应楔紧，并应绑扎牢固。

（6）使用随车卷扬机装卸物件时，应有专人指挥，拖车应制动住，并应将车轮楔紧。

3. 平板拖车的维护和保养

（1）严寒地区停放过夜时，应将贮气筒中空气和积水放尽。

（2）平板拖车停放地应坚实平坦。长期停放或重车停放过夜时，应将平板支起，轮胎不应承压。

（3）在车底进行保养、检修时，应将内燃机熄火，拉紧手制动器并将车轮楔牢。

（4）车辆经修理后需要试车时，应由合格人员驾驶，车上不得载人、载物，当需在道路上试车时，应挂交通管理部门颁发的试车牌照。

（5）在坡道上停放时，下坡停放应挂上倒挡，上坡停放应挂上一挡，并应使用三角木锲等塞紧轮胎。

（三）机动翻斗车

1. 机动翻斗车使用前的准备与检查

（1）各润滑装置齐全，过滤清洁有效；

（2）离合器结合平稳、工作可靠、操作灵活，踏板行程符合有关规定；

（3）制动系统各部件连接可靠，管路畅通；

（4）灯光、喇叭、指示仪表等应齐全完整；

（5）轮胎气压应符合要求；

（6）燃油、润滑油、冷却水等应添加充足；

（7）燃油箱应加锁；

（8）无漏水、漏油、漏气、漏电现象。

2. 机动翻斗车使用中的安全操作要点

（1）机动翻斗车行驶前，应检查锁紧装置，并将料斗锁牢，不得在行驶时掉斗。

（2）行驶时应从一挡起步，待车跑稳后再换二挡、三挡。不得用离合器处于半结合状态来控制车速。

（3）机动翻斗车在路面情况不良时行驶，应低速缓行，应避免换挡、制动、急剧加速，且不得靠近路边或沟旁行驶，并应防侧滑。

（4）在坑沟边缘卸料时，应设置安全挡块。车辆接近坑边时，应减速行驶，不得冲撞挡块。

（5）上坡时，应提前换入低挡行驶；下坡时严禁空挡滑行；转弯时应先减速，急转弯时应先换入低挡。避免紧急刹车，防止向前倾覆。

（6）严禁料斗内载人。料斗不得在卸料工况下行驶或进行平地作业。

（7）内燃机运转或料斗内有载荷时，严禁在车底下进行作业。

（8）多台翻斗车排成纵队行驶时，前后车之间应保持适当的安全距离，在下雨或冰雪的路面上，应加大间距。

（9）翻斗车行驶中，应注意观察仪表，指示器是否正常，注意内燃机各部件工作情况和声响，不得有漏油、漏水、漏气的现象。若发现不正常，应立即停车检查排除。

（10）操作人员离机时，应将内燃机熄火，并挂挡，拉紧手制动器。

3. 机动翻斗车的维护和保养

（1）使用后，应对车辆进行清洗，清除在料斗和车架上的砂土及混凝土等的粘结物料。

（2）在车底进行保养、检修时，应将内燃机熄火，拉紧手制动器并将车轮楔牢。

（3）车辆经修理后需要试车时，应由合格人员驾驶，车上不得载人、载物，当需在道路上试车时，应挂交通管理部门颁发的试车牌照。

（4）在坡道上停放时，下坡停放应挂上倒挡，上坡停放应挂上一挡，并应使用三角木锲等塞紧轮胎（最好不要在坡道上停车应选择适合的地点，冬季应采取防止车轮与地面冻结的措施）。

（5）翻斗车新车走合期和大修后走合期的保养走合期限为60h（其中包括内燃机空运2h，正机无负荷走合6h，正机有负荷走合52h）。走合前的标准工作如下：

1）检查发动机各机的油面和水面及底盘各齿轮箱油面，不足时要添原机规定的或允许代用的润滑油；

2）对各润滑点进行一次检查，缸油部位补足油脂；

3）对全机紧固连接螺栓进行一次检查紧固；

4）检查电瓶液面和比重，必要时补足液面或充电。

（6）走合期内限速减荷规定，要遵守下列程序：

1）内燃机空转2h。先以急运转，待油温上升50℃时，再以额定转速的1/2空运转1h，然后再逐渐增加至额定转速，再空转1h；

2）正机无负荷走合6h。在内燃机额定下对正机无负荷走合，并对离合器、变速箱各挡和各制动装置进行操作试验；

3）正机有负荷走合52h。开始以额定荷载的1/3工作6h，再以额定荷载的1/2工作30h，最后以额定荷载3/4工作16h。

（7）走合期内保养。除认真执行规定的例保作业项目外，还要遵守以下要求：

1）发动机运转30h后再换曲轴箱机油，并清洗机油滤清器。空滤器运行60h后再换一次机油和变速箱、驱动桥、转向机的齿轮油；

2）走合期内司机要特别注意察听发动机、离合器、变速、驱动桥、制动器等部位异响、过热、螺栓松以及漏水、漏油、漏气、焦味等不正常情况，否则应及时排除或报修；

3）走合期满由机务和专业修理人员进行一次检查保养。

（四）散装水泥车

1. 散装水泥车使用前的准备与检查

（1）在装料前应检查并清除散装水泥车的罐体及料管内积灰和结碴等物；

（2）各管道应无堵塞和漏气现象，阀门开闭灵活，各连接部件牢固可靠，压力表工作正常。

（3）运输粉粒物料前，应当首先检查并清理粉罐内部的和各管道的积灰，这样做的好处是可以防止积灰挤占原有的空间，增大装载量，增快装料和卸料的速度，这点对于使用年限较长的散装水泥车来说非常重要，新车就无所谓了。平时注意罐体防潮防水就好了。另外还要检查阀门应该开关灵活，不要有卡住或漏气的现象，管道不要破损。

2. 散装水泥车使用中的安全操作要点

（1）在打开装料口前，应先打开排气阀，排除罐内残余气压。

（2）装料完毕，应将装料口边缘上堆积的水泥清扫干净，盖好进料口盖，并把插销插好锁紧。

（3）散装水泥车卸料时应停放在坚实平坦的场地。装好卸料管，关闭卸料管蝶阀和卸压管球阀，打开二次风管并接通压缩空气，保证空气压缩机在无载情况下启动。

（4）在确认卸料阀处于关闭状态后，向罐内加压，待压力达到卸料压力时，应先打开二次风嘴阀后再打开卸料阀，并调节二次风嘴阀的开度来调整空气与水泥的最佳比例。

（5）卸料过程中，应注意观察压力表的变化情况，如发现压力突然上升，而输气软管堵塞，不再出料，应停止送气并放出管内有压气体，然后清除堵塞。

（6）卸料作业时，空气压缩机应有专人管理，严禁其他人员擅自操作，在进行加压卸料时，不得改变内燃机转速。

（7）卸料结束，应打开放气阀，放尽罐内余气，并关闭各部阀门，车辆行驶过程中，罐内不得有压力。

3. 散装水泥车的维护和保养

（1）雨天不得在露天装卸水泥，并应保证进料口盖关闭严密，不得让水或湿空气进入罐内。

（2）在车底进行保养、检修时，应将内燃机熄火，拉紧手制动器并将车轮楔牢。

（3）车辆经修理后需要试车时，应由合格人员驾驶，车上不得载人、载物，当需在道路上试车时，应挂交通管理部门颁发的试车牌照。

（4）在坡道上停放时，下坡停放应挂上倒挡，上坡停放应挂上一挡，并应使用三角木楔等塞紧轮胎。

（5）具体的维护和保养内容：

1）汽车底盘：按所选用的汽车底盘使用说明书规定进行；

2）空压机：按空压机使用说明规定进行；

3）取力器：经常注意定期检查其润滑情况，运行状况，如有异常响声应查明其原因及时排除，每年应检查一次齿轮咬合及磨损情况，不可超速运行；

4）气路：应经常检查密封情况，如有漏气及时排除；经常查看各阀工作情况，若失灵应修理或拆换；安全阀保证在压力为 0.2MPa 时开启，不得使罐内压力超过 0.2MPa；

5）罐体：定期检查罐体焊缝是否有漏气现象，如发现此现象，应及时进行补焊；

6）罐体气室：经常检查气室帆布，若受潮湿不透气或破损，应及时更换；检查气室压条是否压实，若有漏气现象，将影响卸料效果，应及时排除。

（五）皮带运输机

1. 皮带运输机使用前的准备与检查

（1）固定式皮带运输机应安装在坚固的基础上，移动式皮带运输机在开动前应将轮子楔紧。

（2）开车前的主要检查准备工作：

1）检查机头电动机，转动装置，减速器，安全保护设施等是否正常；

2）检查机头机尾及中段机架有无变形、卡阻现象，上下托滚转动是否灵活；

3）检查通信、信号系统是否正常；

4）检查消防设施、生产环境是否良好，洒水喷雾装置是否有效；

5）机道浮煤是否清空。

（3）皮带运输机在启动前，应调整好输送带的松紧度，带扣应牢固，各传动部件灵活可靠，防护罩齐全，紧固有效。电气系统布置合理，绝缘及接零或接地保护良好。

2. 皮带运输机使用中的安全操作要点

（1）输送带启动时，应先空载运转，待运输正常后，方可均匀装料。不得先装料后启动。

（2）输送带上加料时，应对准中心，并宜降低加料高度，减少落料对输送带的冲击。

（3）作业中应随时观察输送带运输情况，当发现带有松动、走偏或跳动现象时应停机进行调整。

（4）作业时严禁人员从带上面跨越，或从带下面穿过。输送带打滑时严禁用手拉动。

（5）输送带输送大块物料时，带两侧应加装挡板或栅栏。

（6）多台皮带运输机串联作业时，应从卸料端按顺序启动。待全部运输正常后，方可装料。

（7）作业时需要停机时，应先停止装料，待带上物料卸完后，方可停机。多台皮带运输机串联作业停机时，应从装料端开始按顺序停机。

（8）皮带运输机作业中突然停机时，应立即切断电源，清除运输带上的物料，检查并排除故障后，方可再接通电源启动运输。

3. 皮带运输机的维护和保养

（1）作业完毕后，应将电源断开，锁好电源开关箱，清除输送机上的砂土，用防雨护罩将电动机盖好。

（2）具体保养内容如下：

1）每天检查电动机及减速机是否异常；

2）每天检查皮带是否松动，并及时调整；

3）每月检查输送皮带是否拉长，并及时调整；

4）每月检查滚筒转动是否灵活，并及时修理；

5）每月检查传动链轮与链条的吻合度，及时调整，并给链条添加润滑油；

6）每月用气枪吹去控制箱内灰尘，防止故障；

7）减速器第一次使用100h后要更换清洁内部齿轮油，换上新油后，每2500h再更换一次；

8）每年做一次大保养，检查配件损坏程度。

五、桩工机械

（一）柴油打桩机

1. 柴油打桩机使用前的准备与检查

（1）启动前将燃油箱阀门打开，用起落架将上活塞提起并高于上气缸 1cm 左右，用专用工具将贮油室油塞打开，按规定加满润滑油，自动润滑的柴油锤，除了在油箱内加满润滑油外，还应向润滑油路加润滑油，同时排除管路中的空气。

（2）作业前应检查导向板的固定与磨损情况，导向板不得在松动及缺件情况下作业，导向面磨损大于 7mm 时，应予更换。

（3）作业前应检查并确认起落架各工作机构安全可靠，起动钩与上活塞接触线在 5～10mm 之间。

（4）作业前应检查桩锤与桩帽的连接，提起桩锤脱出砧座后，其下滑长度不应超过使用说明书的规定值，超过时应调整桩帽连接钢丝绳的长度。

（5）作业前应检查缓冲胶垫，当砧座和橡胶垫的接触面小于原面积 2/3 时，或下汽缸法兰与砧座间隙小于使用说明书的规定值时，均应更换橡胶垫。

（6）对水冷式桩锤，应将水箱内的水加满，并应保证桩锤连续工作时有足够的冷却水。冷却水应使用清洁的软水。冬季应加温水。

2. 柴油打桩机使用中的安全操作要点

（1）打桩机行走与回转、吊桩、吊锤不应同时进行。打桩机在吊桩后不应全程回转或行走。

（2）打桩机不允许侧面吊桩和远距离拖桩。正前方吊桩时，对混凝土预制的水平距离不应大于 4m，对于钢桩不应大于 7m，并应防止桩与立柱碰撞。

（3）双导向立柱的打桩作业时，待立柱转向到位，并将立柱锁住后，方可进行作业。

（4）柴油锤启动前，应使桩锤、桩帽和桩在同一轴线上，不应偏心打桩。桩帽上应有足够厚度的缓冲垫木，垫木不得偏斜，以保证作业时锤击桩帽中心。对金属桩，垫木厚度应为 100～150mm；对混凝土桩，垫木厚度应为 200～250mm。作业中应观察垫木的损坏情况，损坏严重时应予更换。

（5）在软土打桩时，应先关闭油门冷打，待每击贯入度小于 100mm 时，方可启动桩锤。

（6）柴油锤启动后，应提升起落架，在锤击过程中起落架与筒式锤上气缸顶部之间的距离不应小于 2m。

（7）柴油锤运转时，应目测冲击部分的跳起高度，严格执行使用说明书的要求，达到规定高度时应减少油门，控制冲击部分的行程。

(8) 作业过程中，应经常注意土层变化和打桩机的运转情况，发现异常及时采取必要措施。

(9) 柴油锤出现早燃时，应停止工作，按使用说明书的要求进行处理。

(10) 筒式锤上活塞跳起时，应观察是否有润滑油从泄油孔流出。下活塞的润滑油应按使用说明书的要求加注。当上活塞下落而柴油锤未燃爆时，上活塞可发生短时间的起伏，此时起落架不得落下，以防撞击碰块。

(11) 水冷式柴油锤连续工作时，应保证足够的冷却水，不应在无水情况下工作。

(12) 作业时，柴油锤最终十击的贯入度应符合使用说明书的规定，当每十击贯入度小于 20mm 时，宜停止锤击或更换桩锤。关闭燃料阀，将操作杆置于停机位置，起落架升至高于桩锤 1m 处，锁住安全限位装置。

(13) 打桩过程中，不应进行润滑和修理工作。

(14) 打桩过程中，应有专人负责拉好曲臂上的控制绳；在意外情况下，可使用控制绳紧急停锤。

(15) 打桩机吊锤（桩）时，锤（桩）的最高点离立柱顶部的最小距离应确保安全。

(16) 插桩后应及时校正桩的垂直度，桩入土 3m 后，不应采取桩架行走或回转进行纠正。

(17) 打斜桩时应先使立桩垂直，将桩吊入固定，然后开始后倾，在后倾 18.5°时，不应提升柴油锤。履带三支点式桩架在后倾打斜桩时，应使用后支腿油缸。轨道式桩架应在平台后增加支撑，并夹紧夹轨器。

(18) 打桩机行走时，应将柴油锤降至最低位置，坡度要符合使用说明书的规定。自行式打桩机行走时应有专人指挥，在坡道上行走时应将重心移至坡道上方；走管式打桩机横移至滚管终端的距离不应小于 1m。

(19) 作业时，回转制动应缓慢，轨道式和步履式桩架同向连续回转不应大于一周。

(20) 作业中，应经常检查各紧固件是否松动，各运动件是否灵活。

(21) 作业后，应将桩锤放到最低位置，盖上汽缸盖和吸排气孔塞子。

3. 柴油打桩机的维护和保养

(1) 打桩施工完毕后，应及时对设备进行清洁一次，并加油润滑各运动部件。

(2) 打桩机应停放在坚实平整的地面，柴油锤应放在地面的垫板或已打入地下的桩上，关闭燃油开关，筒式锤应放净冷却水，装上气缸盖、吸排气盖、安全螺钉等，并装上安全卡板。桩架应将操纵杆置于停止位置，锁住安全、制动位置。

(3) 轨道式桩架不工作时应夹紧夹轨器。

(4) 桩架落架时，应先检查卷扬机制动性能，然后按使用说明书规定的程序操作。

(5) 短期内不用时，须将燃料阀关闭；长期停用时，应卸下柴油锤，装上安全卡板，将柴油锤的燃油、润滑油和冷却水全部放掉，清洗燃烧室，在球碗上涂防锈油，并采取防雨措施。

(二) 振动桩锤

1. 振动桩锤使用前的准备与检查

(1) 打桩机作业区内应无高压线路。作业区应有明显标志或围栏，非工作人员不得进入。桩锤在施打过程中，操作人员必须在距离桩锤中心5m以外监视。

(2) 机组人员做登高检查或维修时，必须系安全带；工具和其他物件应放在工具包内，高空人员不得向下随意抛物。

(3) 作业场地至电源变压器或供电主干线的距离应在200m以内。

(4) 电源容量与导线截面应符合出厂使用说明书的规定，启动时，当电动机额定电压变动在−5%～10%的范围内时，可以额定功率连续运行；当超过时，则应控制负荷。

(5) 液压箱、电气箱应置于安全平坦的地方。电气箱和电动机必须安装保护接地设施。

(6) 振动桩锤长期停放重新使用前，应测定电动机的绝缘值，且不得小于0.5MΩ，并应对电缆心线进行导通试验，电缆外部橡胶包皮应完好无损。

(7) 检查电气箱内各元件应完好，接触无松动，接触器触点无烧毛现象。

(8) 电源至控制箱之间的距离，一般不宜超过100m，各种导线截面应符合规定。

(9) 振动箱内润滑油应添加到规定油位。用手盘动带轮时，振动箱内不得有响声。

(10) 检查传动带的松紧度，必要时进行调整。传动带保护罩不应有破损现象。

(11) 液压缸根部的接头防护罩应齐全，螺栓不应松动，若没有防护罩，油管接头可能会因受外力冲击而损坏。夹持器与振动连接螺栓不得有松动和缺件。

(12) 检查振动桩锤的导向装置是否牢靠，与立柱导轨的配合间隙应符合使用说明书的规定。

(13) 悬挂振动桩锤的起重机，其吊钩上必须有防松脱的保护装置。振动桩锤悬挂钢架的耳环上应加装保险钢丝绳。

(14) 检查夹持片的齿形。当齿形磨损超过4mm时，应更换或用堆焊修复。使用前，应在夹持片中间放一块10～15mm厚的钢板进行试夹。试夹中液压缸应无渗漏，系统压力应正常，不得在夹持片之间无钢板时试夹。

2. 振动桩锤使用中的安全操作要点

(1) 启动振动桩锤应监视启动电流和电压，一次启动时间不应超过10s。当启动困难时，应查明原因，排除故障后，方可继续启动。启动后，应待电流降到正常值时，方可转到运转位置。

(2) 夹持器工作时，夹持器和桩的头部之间不应有空隙，待液压系统压力稳定在工作压力后才能启动桩锤，振幅达到规定值时，方可指挥起重机作业。

(3) 沉桩前，应以桩的前端定位，调整导轨与桩的垂直度，倾斜度不应超过2°。

(4) 沉桩时，吊桩的钢丝绳应紧跟桩下沉速度而放松，并应注意控制沉桩速度，以防止电流过大损坏电动机。当电流急剧上升时，应停止运转，待查明原因和排除故障后，方可继续作业；沉桩速度过慢时，可在振动桩锤上加一定量的配重。

(5) 拔桩时，当桩身埋入部分被拔起1.0～1.5m时，应停止振动，拴好吊桩用钢丝绳，再起振拔桩。当桩尖在地下只有1～2m时，应停止振动，由起重机直接拔桩。待桩完全拔出后，在吊桩钢丝绳未吊紧前，不得松开夹持器。

(6) 拔钢板桩时，应按沉入顺序的相反方向起拔，夹持器在夹持板桩时，应靠近相邻一根，对工字桩应夹紧腹板的中央。如钢板桩和工字桩的头部有钻孔时，应将钻孔焊平或将钻孔以上割掉，亦可在钻孔处焊加强板，应严防拔断钢板桩。

（7）振动桩锤启动运转后，当振幅正常后仍不能拔桩时，应停止作业，改用功率较大的振动桩锤。拔桩时，拔桩力不应大于桩架的负荷能力。

（8）作业中，应保持振动桩锤减振装置各摩擦部位具有良好的润滑。

（9）严禁吊装、吊锤、回转或行走等动作同时进行。打桩机在吊有桩和锤的情况下，操作人员不得离开岗位。

（10）作业中，当停机时间较长时，应将桩锤落下垫好，检修时不得悬吊桩锤。

（11）作业中不应松开夹持器。停止作业时，应先停振动桩锤，待完全停止运转后再松开夹持器。

（12）作业过程中，振动桩锤减振器横梁的振幅长时间过大，应停机查明原因。

（13）作业中，当遇液压软管破损、液压操纵箱失灵或停电时，应立即停机，将换向开关放在“中间”位置，并应采取安全措施，不得让桩从夹持器中脱落。

（14）遇到雷雨、大雾和六级及以上大风等恶劣气候时，应停止一切作业。当风力超过七级或有风暴警报时，应将打桩机顺风向停置，并应增加缆风绳，或将桩立柱放倒在地面上，立柱长度在27m及以上时，应提前放倒。

3. 振动桩锤的维护和保养

（1）作业后，应将打桩机停放在坚实平整的地面上，将桩锤落下垫实，并切断动力电源。

（2）作业后，应将振动桩锤沿导杆放至低处，并采用木块垫实，带桩管的振动桩锤可将桩管插入地下一半。

（3）除应切断操纵箱上的总开关外，尚应切断电盘上的开关，长期停用时，应卸下振动桩锤，并应采取防雨措施。

（4）打桩机桩锤保养（拔钢板桩时），应按沉入顺序的相反方向起拔，夹持器在夹持板桩时，应靠近相邻一根，对工字桩应夹紧腹板的中央。如钢板桩和工字桩的头部有钻孔时，应将钻孔焊平或将钻孔以上割掉，亦可在钻孔处焊加强板，应严防拔断钢板桩。

（三）锤式打桩机

1. 锤式打桩机使用前的准备与检查

（1）打桩机的安装、拆卸应按使用说明书中规定的程序进行。

（2）轨道式桩架的轨道铺设应符合使用说明书的规定。

（3）打桩机的立柱导轨应按规定已润滑。

（4）作业前，打桩机应先空载运行各机构，确认运转正常。

2. 锤式打桩机使用中的安全操作要点

（1）打桩机不允许侧面吊桩和远距离拖桩。正前方吊桩时，对混凝土预制桩的水平距离不应大于4m；对钢桩不应大于7m，并应防止桩与立柱碰撞。

（2）打桩机吊锤（桩）时，锤（桩）的最高点离立柱顶部的最小距离应确保安全。

（3）轨道式打桩机吊桩时应夹紧夹轨器。

（4）使用双向立柱时，应待立柱转向到位，并用锁销将立柱与基杆锁住后，方可起吊。

（5）施打斜桩时，应先将桩锤提升到预定位置，并将桩吊起，套入桩帽，桩尖插入桩位后再后仰立柱。履带三支点式桩架在后倾打斜桩时，应使用后支撑杆顶紧；轨道式桩架应在平台后增加支撑，并夹紧夹轨器。立柱后仰时打桩机不得回转及行走。

（6）打桩机带锤行走时，应将桩锤放至最低位。

（7）在斜坡上行走时，应将打桩机重心置于斜坡的上方，坡度要符合使用说明书的规定。打桩机在斜坡上不得回转。

（8）桩架回转时，制动应缓慢，轨道式和步履式桩架同向连续回转不应大于一周。

（9）作业后，应将桩锤放在已打入地下的桩头或地面垫板上，将操纵杆置于停机位置，起落架升至比桩锤高 1m 的位置，锁住安全限位装置，并应使全部制动生效。

（10）轨道式桩架不工作时应夹紧夹轨器。

3. 锤式打桩机的维护和保养

（1）每班保养：

1）检查各变速箱及减速箱的润滑油面，按标准液位加足润滑油；

2）检查负重轮、托带轮、驱动轮及半轴轴瓦并加足润滑油、脂；

3）检查调整履带松紧，全面扭紧履带螺栓；

4）清洗转向室，放掉脏物；

5）检查调整各操纵机构并加足润滑脂；

6）做好全机清洁、润滑、紧固、调整。

（2）二级保养（每工作 480～600h 进行），在完成一级保养全部工作的基础上进行。

1）发动机部分：①按照规定扭矩紧固缸盖螺栓，调整气门间隙，清洗发动机油道及曲轴箱，更换润滑油；②检查启动机自动分离机构；③清除排气管积炭；④更换高压泵润滑油；⑤清除冲洗水箱内的水垢和水锈。

2）行走与操纵机构：①校正操纵杆，制动踏板自由行程；②清洗主离合器。

（3）三级保养（每工作 1440～1800h 进行），在完成二级保养全部工作的基础上进行。

1）发动机部分：①检查缸套、活塞、活塞环的磨损情况和间隙，检查曲轴轴承、凸轮轴轴承、连杆轴承的各部间隙，如超出修理极限尺寸应进行更换；②检查气门弹簧、气门导管间隙，研磨气门；③检查缸盖、气缸床、水道胶圈，必要时更换气缸床及水道胶圈；④清洗水箱、水道、水套，拆检水泵、风扇轴承，检查皮带的完好情况，检查节温器的完好情况；⑤清洗燃油箱、机油散热器、机油泵；⑥校正喷油器、高压泵、低压输油泵，检查调速器的工作情况；⑦检查各部齿轮及轴承间隙；⑧检查保养发电机、启动机、电瓶及电器系统。

2）液压系统：①拆检液压泵和液压电动机，检查其工作压力和排量情况是否符合要求；②检查液压缸密封件、液压油管等有无渗漏老化现象，必要时予以更换。

3）行走与操纵机构：①拆检变矩器、减速箱的油封、轴承、齿轮等是否损坏、磨损情况，必要时给予更换；②拆检负重轮、托带轮、引导轮并调整轴承间隙，加注新润滑油（脂）；③拆检离合器、转向离合器、检查摩擦片、调整间隙、润滑轴承；④检查调整后桥盆角齿轮的啮合间隙，更换齿轮油。

4）检查车架铆钉及连接处，有无断、松、裂现象。

5）检查推土板有无松、旷、裂。

6）全车防腐喷漆。

（四）静力压桩机

1. 静力压桩机使用前的准备与检查

（1）压桩机作业区内应无高压线路。作业区应有明显标志或围栏，非工作人员不得进入。压桩过程中，操作人员必须在距离桩中心5m以外监视。机组人员作登高检查或维修时，必须系好安全带；工具和其他物件应放在工具包内，高空人员不得向下随意抛物。

（2）作业前应检查并确认各传动机构、齿轮箱、防护罩等状态良好，各部件连接牢固。

（3）作业前应检查并确认起重机起升、变幅机构正常，吊具、钢丝绳、制动器等状态良好。

（4）应检查并确认电缆表面无损伤，保护接地电阻符合规定，电源电压正常，旋转方向正确。

（5）应检查并确认润滑油、液压油的油位符合规定，液压系统无泄漏，液压缸动作灵活。

（6）冬季应清除机上积雪，工作平台应有防滑措施。

2. 静力压桩机使用中的安全操作要点

（1）压桩机安装场地应平整，地面应达到35kPa的平均地基承载力。

（2）安装时，应控制好两个纵向行走机构的安装间距，使底盘平台能正确对位。

（3）电源在导通时，应检查电源电压并使其保持在额定电压范围内。

（4）各液压管路连接时，不得将管路强行弯曲。安装过程中，应防止液压油过多流损。

（5）安装配重前，应对各紧固件进行检查，在紧件未拧紧前不得进行配重安装。

（6）安装完毕后，应对整机进行试运转，对吊桩用的起重机应进行满载试吊。

（7）压桩作业时，应有统一指挥，压桩人员和吊桩人员应密切联系，相互配合。

（8）当压桩机的电动机尚未正常运行前，不得进行压桩。

（9）起重机吊桩进入夹持机构进行接桩或插桩作业中，应确认在压桩开始前吊钩已安全脱离桩体。

（10）接桩时，上一节应提升350～400mm，此时，不得松开夹持板。

（11）压桩时，应按桩机技术性能表作业，不得超载运行。

（12）顶升压桩机时，四个顶升缸应两个一组交替动作，每次行程不得超过10mm。当单个顶升缸动作时，行程不得超过50mm。

（13）压桩时，非工作人员应离机10m以外。起重机的起重臂下，严禁站人。

（14）压桩过程中，应保持桩的垂直度，如遇地下障碍物使桩产生倾斜时，不得采用压桩行走的方法强行纠正，应先将桩拔起，待地下障碍物清除后，重新插桩。

（15）当桩在压入过程中，夹持机构与桩侧出现打滑时，不得任意提高液压缸压力，强行操作，而应找出打滑原因，排除故障后，方可继续进行。

（16）当桩的贯入阻力太大，使桩不能压至标高时，不得任意增加配重。应保护液压元件和构件不受损坏。

(17) 当桩顶不能最后压到设计标高时，部分凿去，不得用桩机行走的方式，将桩强行推断。

(18) 当压桩引起周围土体隆起，影响桩机行走时，应将桩机前进方向隆起的土铲平，不得强行通过。

(19) 压桩机行走时，长、短船与水平坡度不得超过 5°。纵向行走时，不得单向操作一个手柄，应两个手柄一起动作。

(20) 压桩机在顶升过程中，船形轨道不应压在已入土的单一桩顶上。

(21) 严禁吊桩、吊锤、回转或行走等动作同时进行。打桩机在吊有桩和锤的情况下，操作人员不得离开岗位。

(22) 遇有雷雨、大雾和六级及以上大风等恶劣气候时，应停止一切作业。当风力超过七级或有风暴警报时，应将打桩机顺风向停置，并应增加缆风绳，或将桩立柱放倒在地面上。立柱长度在 27m 及以上时，应提前放倒。

(23) 作业完毕，应将短船运行至中间位置，停放在平整地面上，其余液压缸应全部回程缩进，起重机钓钩应升至最上部，并应是使各部位制动生效，最后应将外露活塞杆擦干净。

3. 静力压桩机的维护和保养

(1) 作业后，应将控制器放在“零位”，并依次切断各部电源，锁闭门窗，冬季应放尽各部积水。

(2) 转移工地时，应按规定程序拆卸后，用汽车装运。所有油管接头处应加闷头螺栓，不得让尘土进入。液压软管不得强行弯曲。

(3) 平时要注意量测压力等仪表应注意保养、及时检修和定期标定，以减少量测误差。

(4) 每班保养（班前班后进行）

1) 每天作业之前，操作手要做到桩机的表面清洁，需要加油的部位每天必须加油 1～3 次，使润滑的机件保持润滑；

2) 清除设备上的泥土和污物；

3) 检查紧固各部连接螺栓，检查主离合器、转向、水泵、风扇轴承、高压油泵、负重轮、托带轮的润滑及磨损情况，如有问题应及时处理；

4) 及时处理液压系统渗漏和损伤情况；

5) 清点整理工具，并擦洗干净，填写设备运转记录，做到字迹清楚、整洁、齐全、准确。

(5) 一级保养：(每工作 120～150h 进行) 在完成每班保养全部工作的基础上进行。

1) 发动机部分：①拆洗空气滤清器、机油滤清器，柴油滤清网，放掉燃油箱沉淀物，清洗燃油箱滤网；②检查更换主机曲轴箱润滑油，清洗呼吸器；③检查调整发电机皮带、风扇皮带的松紧度，润滑风扇轴承；④检查水泵有无漏水，清洗水箱外部的油污；⑤检查飞轮连接螺栓及连接带有无断裂，必要时更换。

2) 行走与操纵机构：①检查各变速箱及减速箱的润滑油面，按标准液位加足润滑油；②检查负重轮、托带轮、驱动轮及半轴轴瓦并加足润滑油、脂；③检查调整履带松紧，全面扭紧履带螺栓；④清洗转向室，放掉脏物；⑤检查调整各操纵机构并加足润滑脂；⑥做好全机清洁、润滑、紧固、调整。

（6）二级保养（每工作480～600h进行）在完成一级保养全部工作的基础上进行。

1）发动机部分：①按照规定扭矩紧固缸盖螺栓，调整气门间隙；清洗发动机油道及曲轴箱，更换润滑油；②检查起动机自动分离机构；③清除排气管积炭；④更换高压泵润滑油；⑤清除冲洗水箱内的水垢和水锈。

2）行走与操纵机构：①校正操纵杆，制动踏板自由行程；②清洗主离合器。

（7）三级保养（每工作1440～1800h进行）在完成二级保养全部工作的基础上进行。

1）发动机部分：①检查缸套、活塞、活塞环的磨损情况和间隙，检查曲轴轴承、凸轮轴轴承、连杆轴承的各部间隙，如超出修理极限尺寸应进行更换；②检查气门弹簧、气门导管间隙，研磨气门；③检查缸盖、气缸床、水道胶圈，必要时更换气缸床及水道胶圈；④清洗水箱、水道、水套，拆检水泵、风扇轴承，检查皮带的完好情况，检查节温器的完好情况；⑤清洗燃油箱、机油散热器、机油泵；⑥校正喷油器、高压泵、低压输油泵，检查调速器的工作情况；⑦检查各部齿轮及轴承间隙；⑧检查保养发电机、启动机、电瓶及电器系统。

2）液压系统：①拆检液压泵和液压电动机，检查其工作压力和排量情况是否符合要求；②检查液压缸密封件、液压油管等有无渗漏老化现象，必要时予以更换。

（五）转盘钻孔机

1. 转盘钻孔机使用前的检查与准备

（1）钻孔机作业区内应无高压线路。作业区应有明显标志或围栏，非工作人员不得进入。

（2）安装钻孔机前，应掌握勘探资料、并确认地质条件符合该钻机的要求，地下无埋设物，作业范围内无障碍物，施工现场与架空输电线路的安全距离符合规定。

（3）安装钻孔机时，钻机钻架基础应夯实、整平。轮胎式钻机的钻架下应铺设枕木，垫起轮胎，钻机垫起后应保持整机处于水平位置。

（4）钻机的安装和钻头的组装应按照使用说明规定进行，竖立或放倒钻架时，应有熟练的专业人员进行。

（5）钻架的吊重中心、钻机的卡孔和护进管中心应在同一垂直线上，钻杆中心允许偏差为20mm。

（6）钻头和钻杆连接螺纹应良好。钻头焊接应牢固，不得有裂纹。钻杆连接处应加便于拆卸的厚垫圈。

（7）作业前重点检查项目应符合下列要求：

1）各部件安装紧固，转动部位和传动带有防护罩，钢丝绳完好，离合器、制动带功能良好；

2）润滑油符合规定，各管路接头密封良好，无漏油、漏气、漏水现象；

3）电气设备齐全、电路配置完好；

4）钻机作业范围内无障碍物。

（8）作业前，应将各部操纵手柄先置于空挡位置，用人力盘动无卡阻，再启动电动机空载运转，确认一切正常后，方可作业。

2. 转盘钻孔机使用中的安全操作要点

（1）开机时，应先送浆后开钻；停机时，应先停钻后停浆。泥浆泵应有专人看管，对泥浆质量和浆面高度应随时测量和调整，保证浓度合适。停钻时，出现漏浆应及时补充。并应随时清除沉淀池中杂物，保持泥浆纯净和循环不中断，防止塌孔和埋钻。

（2）开钻时，钻压应轻，转速应慢。在钻进过程中，应根据地质情况和钻进深度，选择合适的钻压和钻速，均匀钻进。

（3）变速箱换挡时，应先停机，挂上挡后再开机。

（4）加接钻杆时，应使用特制的连接螺栓均匀紧固，保证连接处的密封性，并做好连接处的清洁工作。

（5）钻进中，应随时观察钻机的运转情况，当发生异响、吊索具破损、漏气、漏渣以及其他不正常情况时，应立即停机检查，排除故障后，方可继续开钻。

（6）提钻、下钻时，应轻提轻放。钻机下和井孔周围 2m 以内及高压胶管下，不得站人。严禁钻杆在旋转时提升。

（7）发生提钻受阻时，应先设法使钻具活动后再慢慢提升，不得强行提升。如钻进受阻时，应采用缓冲击法解除，并查明原因，采取措施后，方可钻进。

（8）钻架、钻台平车、封口平车等的承载部位不得超载。

（9）使用空气反循环时，其喷浆 1∶3 应遮拦，并应固定管端。

（10）钻进进尺达到要求时，应根据钻杆长度换算孔底标高，确认无误后，再把钻头略微提起，降低转速，空转 5～20min 后再停钻。停钻时，应先停钻后停风。

（11）钻机的移位和拆卸，应按照使用说明规定进行，在转移和拆运过程中，应防止碰撞机架。

3. 转盘钻孔机的维护和保养

（1）作业后，应对钻机进行清洗和润滑，并应将主要部位遮盖妥当。

（2）遇有雷雨、大雾和六级及以上大风等恶劣气候时，应停止一切作业。

（3）做好钻孔机的日常维护和保养工作能适当延长钻孔机元器件的使用寿命以及零部件的磨损周期，对预防各种故障，提高钻孔机的平均无故障工作时间和使用寿命有着非常重要的意义。对于钻孔机的日常维护需在每次工作前或工作后，由钻孔机操作人员进行。定期检修则必须由专业的维修人员定期进行，检修周期一年一次或半年一次。

（4）钻孔机在维护及检修中应注意的问题

1）钻孔机应进行定期的维护、保养，出现故障应做好记录以及保护现场等；

2）钻孔机在不使用时应该油封保存，外面覆盖密封薄膜；

3）培训和配备相应的操作人员、维修人员及编程人员。同时还需要做好钻孔机的保洁工作。钻台，床身、导轨，丝杆及操作手柄要时常擦洗，保持床身及周边清洁，无油污。清除导轨面毛刺及丝杆钻渣杂质。保持毛毡的整洁干净，定期拆卸清洗。还要留意钻孔机各部是否有锈迹，保护好喷漆面。

（5）维护工作主要是系统和机械部件两方面。

1）数控系统的维护：

①严格遵守操作规程和日常维护制度；

②防止灰尘进入数控装置内——漂浮的灰尘和金属粉末容易引起元器件间绝缘电阻下降，从而出现故障甚至损坏元器件；

③定时清扫数控柜的散热通风系统；

④经常监视数控系统的电网电压——电网电压范围在额定值的85％～110％；

⑤定期更换存储器用电池；

⑥数控系统长期不用时的维护——经常给数控系统通电或使钻孔机运行温机程序；

⑦备用电路板的维护。

2）气动系统维护：

①清除压缩空气的杂质和水分；

②检查系统中油雾器的供油量；

③保持系统的密封性；

④注意调节工作压力；

⑤清洗或更换气动元件、滤芯。

3）丝杠和导轨的维护：

①定期检查、调整丝杠螺母的轴向间隙，保证反向传动精度和轴向刚度；

②定期检查丝杠支撑与床身的连接是否松动以及支撑轴承是否损坏，如有以上问题要及时紧固松动部位，更换支撑轴承；

③采用润滑脂的滚珠丝杠，每半年清洗一次丝杠上的旧油脂，更换新油脂，用润滑油润滑的滚珠丝杠，每天机床工作前加油一次。

（六）螺旋钻孔机

1. 螺旋钻孔机使用前的准备与检查

（1）钻孔机作业区内应无高压线路。作业区应有明显标志或围栏，非工作人员不得进入。

（2）使用钻机的现场，应按钻机使用说明的要求清理周围的石块等障碍物。

（3）作业场地距电源变压器或供电主干线距离应在200m以内，启动时电压降不得超过额定电压的10％。

（4）电动机和控制箱应有良好的接地装置。

（5）安装前，应检查并确认钻杆及各部件无变形；安装后，钻杆与动力头的中心线允许偏斜为全长的1％。

2. 螺旋钻孔机使用中的安全操作要点

（1）安装钻杆时，应从动力头开始，逐节往下安装。不得将所需钻杆长度在地面上全部接好后一次起吊安装。

（2）动力头安装前，应先拆下滑轮组，将钢丝绳穿绕好。钢丝绳的选用，应按使用说明书规定的要求配备。

（3）安装后，电源的频率与控制箱内频率转换开关上的指针应相同，不同时，应采用频率转换开关予以转换。

(4) 钻机应放置平稳、坚实，汽车式钻孔机应架好支腿，将轮胎支起，并应用自动微调或线锤调整挺杆，使之保持垂直。

(5) 启动前应检查并确认钻机各部件连接牢固，传动带的松紧度适当，减速箱内油位符合规定，钻深限位报警装置有效。

(6) 启动前，应将操纵杆放在空挡位置。启动后，应作空运转试验，检查仪表、温度、音响、制动等各项工作正常，方可作业。

(7) 施钻时，应先将钻杆缓慢放下，使钻头对准孔位，当电流表指针偏向无负荷状态时即可下钻。在钻孔过程中，当电流表超过额定电流时，应放慢下钻度。

(8) 钻机发出下钻限位报警信号时，应停钻，并将钻杆稍稍提升，待解除报警信号后，方可继续下钻。

(9) 钻孔中卡钻时，应立即切断电源，停止下钻。未查明原因前，不得强行启动。

(10) 作业中，当需改变钻杆回转方向时，应待钻杆完全停转后再进行。

(11) 钻孔时，当机架出现摇晃、移动、偏斜或钻头内发出有节奏的响声时，应立即停钻，经处理后，方可继续施钻。

(12) 扩孔达到要求孔径时，应停止扩削，并拢扩孔刀管，稍松数圈，使管内存土全部输送到地面。

(13) 作业中停电时，应将各控制器放置零位，切断电源，并及时将钻杆全部从孔内拔出，使钻头接触地面。

(14) 钻机运转时，应防止电缆线被缠入钻杆中，必须有专人看护。

(15) 钻孔时，严禁用手清除螺旋片中的泥土。发现紧固螺栓松动时，应立即停机，在紧固后方可继续作业。

(16) 成孔后，应将孔口加盖保护。当钻头磨损量达 20mm 时，应予更换。

(17) 遇有雷雨、大雾和六级及以上大风等恶劣气候时，应停止一切作业。

(18) 作业后，应将钻杆及钻头全部提升至孔外，先清除钻杆和螺旋叶片上的泥土，再将钻头按下接触地面，各部制动住，操纵杆放到空挡位置，切断电源。

3. 螺旋钻孔机的维护和保养

(1) 钻孔机应进行定期的维护、保养，出现故障应做好记录以及保护现场等。

(2) 钻孔机在不使用时应该油封保存，外面覆盖密封薄膜。

(3) 钻台，床身、导轨，丝杆及操作手柄要时常擦洗，保持床身及周边清洁，无油污。清除导轨面毛刺及丝杆钻渣杂质。保持毛毡的整洁干净，定期拆卸清洗。还要留意钻孔机各部是否有锈迹，保护好喷漆面。

(4) 对易损件轴承进行检查更换。卷扬机，立柱导轨，回转机构，回转支撑，斜撑调整机构，斜支撑丝杆，托链轮，引导轮，驱动轮支架应做定期检查，按期加注润滑油脂。

(5) 工作时每日应注意斜支撑丝杆下球座有无上下窜动现象，如有串动应立即停止工作，卸开伸出梁下面的端盖，使斜支撑受压力，紧固下端螺母并锁紧，必要时用电焊焊牢螺母。冬季温度降到零度以下时应检查伸出梁内有无积水，有积水及时排除，防止冰冻使螺母松开。

(6) 斜支撑转动时，应注意观察有无摆动现象，如有摆动及时更换斜支撑内的导向铜套或铜螺母。

（7）液压系统油箱，油泵，操纵阀应保持清洁。液压油第一次换油时间为200h，以后每1000h更换一次，每次油箱换油时，都必须认真清洗，以防污物进入油中。

（8）设备各滑轮组，轴承及其他转动部分机构，安装有油嘴，应按时加注锂基润滑油脂。

（9）履带链条每个工作日应进行清理，保证履带运转正常。

（10）动力头卡瓦、滑轮尼龙套、主卷扬铜套等磨损应及时更换。

（11）工作时每日应观察结构件的主要焊缝有无开焊裂纹等现象，发现问题及时处理。如问题较严重应通知厂家协助解决。

（12）当维修需要焊接时，接地线必须可靠连接在施焊部位。

（13）钢丝绳应按相关标准检查维护保养使用。

（14）配套机构按配套使用说明要求维护保养。

（七）全套管钻机

1. 全套管钻机使用前的准备与检查

（1）钻机作业区内应无高压线路。作业区应有明显标志或围栏，非工作人员不得进入。

（2）安装钻机前，应掌握勘探资料，并确认地质条件符合该钻机的要求，地下无埋设物，作业范围内无障碍物，施工现场与架空输电线路的安全距离符合规定。

（3）钻机安装场地应平整、夯实，能承载该机的工作压力；当地基不良时，钻机下应加铺钢板防护。

（4）安装钻机时，应在专业技术人员指挥下进行。安装人员必须经过培训，熟悉安装工艺及指挥信号，并有保证安全的技术措施。

（5）与钻机相匹配的起重机，应根据成桩时所需的高度和起重量进行选择。当钻机与起重机连接时，各个部位的连接均应牢固可靠。钻机与动力装置的液压油管和电缆线应按出厂使用说明规定连接。

（6）引入机组的照明电源，应安装低压变压器。电压不应超过36V。

（7）作业前应进行外观检查并应符合下列要求：

1）钻机各部外观良好，各连接螺栓无松动；

2）燃油、润滑油、液压油、冷却水等符合规定无渗漏现象；

3）各部钢丝绳无损坏和锈蚀，连接正确；

4）各卷扬机的离合器、制动器无异常现象，液压装置工作有效；

5）套管和浇注管内侧无明显的变形和损伤，未被混凝土粘结。

2. 全套管钻机使用中的安全操作要点

（1）应通过检查确认无误后，方可启动内燃机。逐步加速至额定转速，按照指定的桩位对位，通过试调，使钻机纵横向达到水平、位正，再进行作业。

（2）机组人员应监视各仪表指示数据，倾听运转声响，发现异状或异响，应立即停机处理。

（3）第一节套管入土后，应随时调整套管的垂直度。当套管入土5m以下时，不得强行纠偏。

(4) 在作业过程中，当发现主机在地面及液压支撑处下沉时，应立即停机。在采用30mm厚钢板或路基箱扩大托承面、减小接地应力等措施后，方可继续作业。

(5) 在套管内挖掘土层中，碰到坚硬土岩和风化岩石硬层时，不得用锤式抓斗冲击硬层，应采用十字凿锤将硬层有效地破碎后，方可继续挖掘。

(6) 用锤式抓斗挖掘管内土层时，应在套管上加装保护套管接头的喇叭口。

(7) 套管在对接时，接头螺栓应按使用说明书的规定，对称拧紧。接头螺栓拆下时，应立即洗净后浸入油中。

(8) 起吊套管时，应使用专用工具吊装，不得用卡环直接吊在螺纹孔内，亦不得使用其他损坏套管螺纹的起吊方法。

(9) 挖掘过程中，应保持套管的摆动。当发现套管不能摆动时，应采用拔出液压缸将套管上提，再用起重机助拔，直至拔起部分套管能摆动为止。

(10) 浇筑混凝土时，钻机操作应和灌注作业密切配合，应根据孔深、桩长适当配管，套管与浇筑管保持同心，在浇注管埋入混凝土2～4m之间时，应同步拔管和拆管，并应确保浇注成桩质量。

(11) 遇有雷雨、大雾和六级及以上大风等气候时，应停止一切作业。

3. 全套管钻机的维护和保养

(1) 作业后，应将打桩机停放在坚实平整的地上，将桩锤落下垫实，并切断动力电源。

(2) 作业后，应就地清除机体、锤式抓斗及套管等外表的混凝土和泥砂，将机架放回行走原位，将机组转移至安全场所。

(3) 钻机平时的维修和保养是一项非常重要的工作，只有保养得好，才能在一定程度上提升钻机的使用寿命。下面是钻机的使用和维护保养上应该注意哪些细节：

1) 如果我们长期不用钻机，就需要一个定期维护，防止机械生锈或者出现故障。定期维护保养其实很简单，大家只要注意：

①卸开卡盘，清洗卡瓦及卡瓦座。如有损坏应及时更换；

②清洗油箱内过滤器，更换变质或被脏污了的液压油；

③检查各主要零部件的完好情况，如有损坏应及时更换，不可带伤工作；

④彻底消除在本期内发生的故障；

⑤若钻机长期不使用，各表露部分（特别是加工表露面）应涂以润滑油。

2) 如果机器长期处于使用阶段，维修保养方面就比较的简单，下面说一下日常维修应该注意的事项：

①将钻机外表面擦拭干净，并注意钻机底座滑道，立轴等表面的清洁和良好润滑；

②检查所有外露螺栓、螺母、保险销钉等是否牢固可靠；

③按润滑要求加注润滑油或润滑脂；

④检查变速箱，分动箱及液压系统油箱的油面位置；

⑤检查各处的漏油情况并视情况加以处理。

（八）旋挖钻机

1. 旋挖钻机使用前的准备与检查

（1）作业地面应坚实平整，作业过程中地面不得下陷，工作坡度不得大于2°。

（2）钻机行驶时，应将上车转台和底盘车架销住，履带式钻机还应锁定履带伸缩油缸的保护装置。

（3）钻孔作业前，应确认固定上车转台和底盘车架的销轴已拔出。履带式钻机应将履带的轨距伸至最大，以增加设备的稳定性。

（4）装卸钻具钻杆、转移工作点、收臂放塔、检修调试必须专人指挥，确认附近无人也无可能碰触的物体时，方可进行。

2. 旋挖钻机使用中的安全操作要点

（1）钻机驾驶员进出驾驶室时，应面向钻机，利用阶梯和扶手上下。在进入或离开驾驶室时，不得把任何操纵杆当扶手使用。

（2）除驾驶员外，钻机作业或行走过程中，不得搭载其他人员。

（3）开始钻孔时，应使钻杆保持垂直，位置正确，以慢速开始钻进，待钻头进入土层后再加快进尺。当钻斗穿过软硬土层交界处时，应放慢进尺。提钻时，不得转动钻斗。

（4）作业中，如钻机发生浮机现象，应立即停止作业，查明原因后及时处理。

（5）钻机移位时，应将钻桅及钻具提升到一定高度，并注意检查钻杆，防止钻杆脱落。

（6）作业中，钻机工作范围内不得有人进入。

（7）钻机短时停机，可不放下钻桅，将动力头与钻具下放，使其尽量接近地面。长时停机，应将钻桅放至规定位置。

（8）卷扬机提升钻杆、钻头和其他钻具时，重物必须位于桅杆正前方。钢丝绳与桅杆夹角必须符合使用说明书的规定。

（9）作业后，应将机器停放在平地上，清理污物。

3. 旋挖钻机使用后的保养

（1）钻机使用一定时间后，应按设备使用说明书的要求进行保养。维修、保养时，应将钻机支撑好。

（2）每班工作前都要给钻杆提引器，加注黄油。

（3）每班工作前都要给钻杆随动导向架（钻杆上支架）轴承加注黄油。

（4）经常检查钢丝绳是否完好。

（5）经常检查油管、密封圈的破损情况，准备备件应付急需。

（6）随时注意电路继电器是否老化，及早准备备件。

（7）检查钻杆提引器（钢丝绳连接体）轴承转动是否灵活，如果损坏应马上更换。

（8）经常检查螺栓、销轴是否磨损、断裂，如有损坏要立即更换。

（9）旋挖钻机各润滑点的润滑频率：

1）吊锚架大滑轮轴，每天加润滑脂一次；

2）吊锚架小滑轮轴，每周加润滑脂一次；

3）吊锚架与上桅杆连接轴，每周加润滑脂一次；
4）上桅杆与中桅杆连接轴，每周加润滑脂一次；
5）提引器轴承，每班次加润滑脂一次；
6）随动架回转轴承，每班次加润滑脂一次；
7）加压油缸轴承，每周加润滑脂一次；
8）中桅杆油缸两端轴承，每周加润滑脂一次；
9）转盘压块及转盘，每周加润滑脂一次；
10）转盘与三角形连接轴，每周加润滑脂一次。

（九）深层搅拌机

1. 深层搅拌机使用前的检查

（1）桩机就位后，应检查设备的平整度和导向架的垂直度，导向架垂直度偏差应符合使用说明书的要求。

（2）作业前，应先空载试机，检查仪表显示、油泵工作等是否正常，设备各部位有无异响。确认无误后，方可正式开机运转。

（3）吸浆、输浆管路或粉喷高压软管的各接头应紧固，以防管路脱落，泥浆或水泥粉喷出伤人，或使电动机受潮。泵送水泥浆前，管路应保持湿润，以利输浆。

2. 深层搅拌机使用中的安全操作要点

（1）作业中，应注意控制深层搅拌机的入土切削和提升搅拌的速度，经常性检查电流表，当电流过大时，应降低速度，直至电流恢复正常。

（2）发生卡钻、停钻或管路堵塞现象时，应立即停机，将搅拌头提离地面，查明原因，妥善处理后，方可重新开机运行。

（3）作业中应注意检查搅拌机动力头的润滑情况，确保动力头不断油。

（4）喷浆式搅拌机如停机超过 3h，应拆卸输浆管路，排除灰浆，清洗管道。

（5）粉喷式搅拌机应严格控制提升速度，选择慢挡提升，确保喷粉量足，搅拌均匀。

3. 深层搅拌机的维护和保养

作业后，应按使用说明书的要求对设备做好清洁保养工作。喷浆式搅拌机还应对整个输浆管路及灰浆泵作彻底冲洗，以防水泥在泵或浆管内凝固。

（十）成槽机

1. 成槽机使用前的检查

（1）地下连续墙施工机械选型和功能应满足施工所处的地质条件和环境安全要求。

（2）发动机、油泵车启动时，必须将所有操作手柄放置在空挡位置，发动后检查各仪表指示值，听视发动机及油泵的运转情况，确认正常后方能工作。

（3）作业前，应检查各传动机构、安全装置、钢丝绳等应安全可靠，方可进行空载试车。

（4）试车运行中应检查液压元件、油缸、油管、油马达等不得有渗漏油现象，油压正常，油管盘、电缆盘运转灵活正常，不得有卡滞现象，并与起升速度保持同步，方可正常工作。

2. 成槽机使用中的安全操作要点

（1）回转应平稳进行，严禁突然制动。

（2）一种动作完全停止后，再进行另一种动作，严禁同时进行两种动作。

（3）钢丝绳排列应整齐，不得有松乱现象。

（4）成槽机起重性能参数应符合主机起重性能参数，不得有超载现象。

（5）安装时，成槽抓斗放置在平行把杆方向的地面上，抓斗位置应在把杆75°～78°时顶部的垂直线上，起升把杆时，起升钢丝绳也随着逐渐慢速提升成槽抓斗，同时，电缆与油管也同步卷起，以防油管与电缆损坏，接油管时应保持油管的清洁。

（6）工作时，应在平坦坚实场地，在松软地面作业时，应在履带下铺设30mm厚钢板，间距不大于30cm，起重臂最大仰角不得超过78°，同时应勤检查钢丝绳、滑轮不得有磨损严重及脱槽，传动部件、限位保险装置、油温等不得有不正常现象。

（7）工作时，成槽机行走履带应平行槽边，尽可能使主机远离槽边，以防槽段塌方。

（8）工作时，把杆下严禁人员通过和站人，严禁用手触摸钢丝绳及滑轮。

（9）工作时，应密切注意成槽机成槽的垂直度，并及时进行纠偏。

3. 成槽机的维护和保养

（1）工作完毕，成槽机应尽可能远离槽边，并使抓斗着地。清洁设备，使设备保持整洁。

（2）拆卸时，把杆在75°～78°位置将抓斗着地，逐渐变幅把杆同步下放起升钢丝绳、电缆与油管，以防电缆、油管拉断。

（十一）冲孔桩机械

1. 冲孔桩机械使用前的检查

（1）冲孔桩机施工摆放的场地应平整坚实。

（2）作业前应重点检查以下项目，并应符合下列要求：

1）各连接部分是否牢固，传动部分、离合器、制动器、棘轮停止器、导向轮是否灵活可靠；

2）卷筒不得有裂纹，钢丝绳缠绕正确，绳头压紧，钢丝绳断丝、磨损不得超过限度；

3）安全信号和安全装置齐全良好；

4）桩机有可靠的接零或接地，电气部分绝缘良好；

5）开关灵敏可靠。

2. 冲孔桩机械使用中的安全操作要点

（1）卷扬机启动、停止或到达终点时，速度要平缓，严禁超负荷工作。

（2）卷扬机卷筒上的钢丝绳，不得全部放完，最少保留3圈，严禁手拉钢丝绳卷绕。

（3）冲孔作业时，应防止碰撞护筒、孔壁和钩挂护筒底缘；提升时，应缓慢平稳。

（4）必须在重锤停稳后卷扬机才能换向操作，减少对钢丝绳的破坏。

（5）当重锤没有完全落地在地面时，司机不得离岗。下班后，应切断电源，关好电闸箱。

（6）禁止使用搬把型开关，防止发生碰撞误操作。

3. 冲孔桩机械的维护和保养

（1）经常检查卷扬机钢丝绳的磨损程度，钢丝绳的保养及更换按相关规定。

（2）外露传动系统必须有防护罩，转盘万向轴必须设有安全警示牌。

六、混凝土机械

（一）混凝土搅拌机

1. 混凝土搅拌机使用前的准备与检查

（1）固定式搅拌机的操纵台，应使操作人员能看到各部位工作情况。电动搅拌机的操纵台，应垫上橡胶板或干燥木板。

（2）移动式搅拌机的停放场地应平整坚实，周围应有良好的排水沟渠。就位后，应放下支腿将机架顶起达到水平位置，使轮胎离地。当使用期较长时，应将轮胎卸下妥善保管，轮轴端部用油布包扎好，并用枕木将支架垫起支牢。

（3）对需设置上料斗地坑的搅拌机，其坑口周围应垫高夯实，应防止地面水流入坑内。上料轨道架的底端支撑面应夯实或铺砖，轨道架的后面应采用木料加以支撑，应防止作业时轨道变形。

（4）料斗放到最低位置时，在料斗与地面之间，应加一层缓冲垫木。

（5）作业前重点检查项目要求：

1）电源电压升降幅度不得超过额定值的5%；

2）电动机和电器元件的接线牢固，保护接零或接地电阻符合规定；

3）各传动机构、工作装置、制动器等均紧固可靠，开式齿轮、皮带轮等均有防护罩；

4）齿轮箱的油质、油量符合规定；

5）作业前应先进行空载试验，观察搅拌筒或叶片旋转方向是否与箭头所示方向一致；

6）应进行料斗提升试验，观察离合器、制动器是否灵活可靠；

7）应检查并校正供水系统的指示水量与实际水量的一致性；当误差超过2%时，应检查管路的漏水点，或应校正节流阀；

8）应检查骨料规格是否与搅拌机性能相符，超出许可范围不得使用。

2. 混凝土搅拌机使用安全操作要点

（1）钢丝绳表面要保持有一层润滑油膜，绳头卡结须牢固，当钢丝绳断丝过多或绳股散松时应该换新。安装强制式搅拌机须在上料斗的最低点挖掘地坑，上料轨道要伸入坑内，斗口与地面相平。料斗上升时靠滚轮在轨道中运行，并由斗底向搅拌筒中卸料，无需料斗倾翻。

（2）强制式搅拌机的卸料门，应保持轻快的开启，并保证封闭严密，其松紧度可由卸料底板下方的螺帽来调整。

（3）搅拌机启动后，应使搅拌筒达到正常转速后进行上料。上料时应及时加水。每次加入的拌合料不得超过搅拌机的额定容量并应减少物料粘罐现象，加料的次序为：粗骨料—水泥—砂子，或砂子—水泥—粗骨料。

(4) 进料时严禁将头或手伸入料斗与机架之间。运转中，严禁用手或工具伸入搅拌筒内扒料、出料。

(5) 料斗提升时，严禁任何人在料斗下停留或通过。如必须在料斗下检修时，应将料斗提升后，用铁链锁住。

(6) 向搅拌筒内加料应在运行中进行，添加新料应先将搅拌筒内原有的混凝土全部卸出后方可进行。

(7) 作业中，应观察机械运转情况，当有异常或轴承温升过高等现象时，应停机检修；当需检修时，应将搅拌筒内的混凝土清除干净，然后再进行检修。

(8) 加入强制式搅拌机的骨料最大粒径不得超过允许值，并应防止卡料。每次搅拌时，加入搅拌筒的物料不应超过规定的进料容量。

(9) 强制式搅拌机的搅拌叶片与搅拌筒底及侧壁的间隙，应经常检查并确认符合规定，当间隙超过标准时，应及时调整。当搅拌叶片磨损超过标准时，应及时修补或更换。

(10) 搅拌过程不宜停车，如因故障必须停车，在再次起动前应卸除荷载，不得带载起动。

(11) 以内燃机为动力的搅拌机，在停机前先脱开离合器，停机后仍应合上离合器。

(12) 作业后，应对搅拌机进行全面清理；当操作人员需进入筒内时，必须切断电源或卸下熔断器，锁好开关箱，挂上"禁止合闸"标牌，并应有专人在外监护。

(13) 作业后应将料斗降落到坑底，当需升起时，应用链条或插销扣牢。

(14) 如遇冰冻气候，停机后应将供水系统的积水放尽。内燃机的冷却水也应放尽。

(15) 搅拌机在场内移动或远距离运输时，应将进料斗提升到上止点，用保险铁链锁住。

3. 混凝土搅拌机的维护和保养

(1) 混凝土搅拌机的日常维护保养：

1) 保养混凝土搅拌机机体的清洁，清除机体上的污物和障碍物。检查各润滑处的油料及电路和控制设备，并按要求加注润滑油。

2) 每班工作前，在搅拌筒内加水空转 1～2min，同时检查离合器和制动装置工作的可靠性。混凝土搅拌机运转过程中，应随时检听电动机、减速器、传动齿轮的噪声是否正常，温升是否过高。

3) 每班工作结束后，应认真清洗混凝土搅拌机。

(2) 混凝土搅拌机一般工作 100h 以后进行一级保养：

1) 混凝土搅拌机在一级保养中，除包括日常保养的工作内容外，尚需拆检离合器，检查和调整制动间隙，如离合器内外制动带磨损过甚须更换。此外，还需检查钢丝绳、V带滑动轴承、配水系统和行走轮等。

2) 强制式混凝土搅拌机在一级保养中，须检查调整搅拌叶片和刮板与衬板之间的间隙，上料斗和卸料门的密封及灵活情况，离合器的磨损程度一级配水系统算法正常。

3) 采用链转动的混凝土搅拌机需检查链条节距的伸长情况。

(3) 二级保养：混凝土搅拌机的二级保养周期一般 700～1500 工作小时，二级保养中，除进行一级保养工作外，须拆检减速器、电动机和开式齿轮等，此外还需检查机器以及出料的操纵机构，清洗行走轮和转向机构等。

（二）混凝土运输车

1. 混凝土运输车使用前的准备与检查

（1）液压系统、气动装置的安全阀、溢流阀的调整压力必须符合使用说明要求。卸料槽锁扣及搅拌筒的安全锁定装置应齐全完好。

（2）燃油、润滑油、液压油、制动液及冷却液应添加充足，无渗漏，质量应符合要求。

（3）搅拌筒及机架缓冲件无裂纹或损伤，筒体与托轮接触良好。搅拌叶片、进料斗、主辅卸料槽应无严重磨损和变形。

（4）应检查动力取出装置并确认无螺栓松动及轴承漏油等现象。

2. 混凝土运输车使用中的安全操作要点

（1）装料前应先启动内燃机预热运转，各仪表指示正常、制动气压达到规定值。并应低速旋转搅拌筒 3～5min，确认无误方可装料。装载量不得超过规定值。

（2）搅拌运输车装料前，应先将搅拌筒反转，使筒内的积水和杂物排尽。

（3）装料时应将操纵杆放在“装料”的位置，并调节搅拌筒转速，使进料顺利。混凝土的装载量不得超过额定容量。

（4）运输前，排料槽应锁止在“行驶”位置，不得自由摆动。

（5）运输中，搅拌筒应低速旋转，但不得停转。运送混凝土的时间不得超过规定的时间。

（6）搅拌筒由正转变为反转时，应先将操纵手柄放在中间位置，待搅拌筒停转后，再将操纵杆手柄放置在反转位置。

（7）行驶在不平路面或转弯处应降低车速至 15km/h 及以下，并暂停搅拌筒旋转。通过桥、洞、门等设施时，不得超过极限高度及宽度。

（8）搅拌装置连续时间不宜超过 8h。

（9）水箱的水位应保持正常，冬季停车时，应将水箱和供水系统积水放净。

（10）用于搅拌混凝土时，应在搅拌筒内先加入总需水量 2/3 的水，然后再加入骨料和水泥，按出厂使用说明规定的转速和时间先进行搅拌。

（11）出料作业应将搅拌运输车停靠在地势平坦处，应与基坑及输电线路保持安全距离，并将制动系统锁定。

（12）进入搅拌筒进行维修、铲除清理混凝土作业前，必须将发动机熄火，操作杆置于空挡。并将发动机钥匙取出设专人监护，悬挂安全警示牌。

（13）作业后应将内燃机熄火，然后对料槽、搅拌筒入口和托轮等处进行冲洗及清除混凝土结块。当需进入搅拌筒清除结块时，必须先取下内燃机电门钥匙，在筒外应设监护人员。

3. 混凝土运输车的维护和保养

（1）检查：

1）搅拌车发动前，必须进行全面检查，确保各部件正常，连接牢固，操作灵活；

2）对销、点、支承轴润滑部位应按周期进行润滑，并保持加油处清洁；对液压泵、马达、阀门等液压和气压原件，应按产品使用说明要求进行保养；

3）及时检查并排除液压、气压、电气等系统管路的漏损及断电等现象。

4）定期检查搅拌叶片的磨损情况并及时修补。经常检查各减速器是否有异响和漏电现象并排除。对机械进行清洗、维修以及换油时，必须将发动机熄火停止运转。

（2）清洁：

1）每装运一次混凝土，当装料完毕，在装料现场冲洗搅拌筒外壁及进料斗；卸料完毕，在卸料现场冲洗搅拌筒口及卸料槽，并加水清洗搅拌筒内部；

2）下班前，要清洗搅拌筒和车身，以防混凝土凝结在筒壁和叶片及车上；露天停放时，要盖好有关部位，以防生锈、失灵；汽车部分按汽车使用说明进行维护保养。

（3）润滑：

1）每日对斜槽销、加长斗连接销、操纵机构连接点等润滑部位用钙基脂 ZG－1 润滑剂润滑；

2）每周对斜槽销支承轴、万向节十字轴用钙基脂 ZG－1 润滑剂进行润滑；

3）每月对托轮轴、操纵软轴润滑剂进行润滑；

4）每年还需对液压电动机减速器用润滑剂进行润滑。

（三）混凝土输送泵

1. 混凝土输送泵使用前的准备与检查

（1）混凝土泵应安放在平整、坚实的地面上，周围不得有障碍物，在放下支腿并调整后应使机身保持水平和稳定，轮胎应楔紧。

（2）混凝土输送管道的敷设应符合下列要求：

1）水平泵送管道宜直线敷设。

2）垂直泵送管道不得直接装接在泵的输出口上，应在垂直管前端加装长度不小于 20m 的水平管，并在水平管进泵处加装止回阀。

3）敷设向下倾斜的管道时，应在输出口上加装一段水平管，其长度不应小于倾斜管高低差的 5 倍。当倾斜度较大时，应在坡度上端装设排气阀。

4）管道敷设前检查管壁的磨损减薄量应在使用说明允许范围内，并不得有裂纹、砂眼等缺陷。

5）管道应使用支架与建筑结构固定牢固。底部弯管应依据泵送高度、混凝土排量等设置独立的基础，并能承受最大荷载。

（3）作业前应检查确认管道各连接处管卡扣牢不泄漏。防护装置齐全可靠，各部位操纵开关、手柄等位置正确，搅拌斗防护网完好牢固。

（4）砂石粒径、水泥强度等级及配合比应按出厂规定，满足泵机可靠性的要求。

（5）输送管道的管壁厚度应与泵送压力匹配，进泵处应选用优质管道。管道接头、密封圈及弯头等应完好无损。

（6）应配备清洗管、清洗用品及有关装置。开泵前，无关人员应离开管道周围。

2. 混凝土输送泵使用中的安全操作要点

（1）起动后，应空载运转，观察各仪表的指示值，检查泵和搅拌装置的运转情况，确认一切正常后，方可作业。泵送前应向料斗加入 10L 清水和 0.3m^3的水泥砂浆润滑泵及管道。

（2）泵送作业中，料斗中的混凝土平面应保持在搅拌轴轴线以上。料斗格网上不得堆满混凝土，应控制供料流量，及时清除超料径的集料及异物，不得随意移动格网。

（3）当进入料斗的混凝土有离析现象时应停泵，待搅拌均匀后再泵送。当集料分离严重，料斗内灰浆明显不足时，应剔除部分集料，另加砂浆重新搅拌。

（4）泵送混凝土应连续作业；当因供料中断被迫暂停时，停机时间不得超过 30min。再次投料泵送前应先将料搅拌。当停泵时间超限时，应排空管道。

（5）垂直向上泵送中断后再次泵送时，应先进行反向推送，使分配阀内混凝土吸回料斗，经搅拌后再正向泵送。

（6）泵机转动时，严禁将手或铁锹伸入料斗或用手抓握分配阀。当需在料斗或分配阀上工作时，应先关闭电动机和消除蓄能器压力。

（7）不得随意调整液压系统压力。当油温超过 70℃时，应停止泵送，但仍应使搅拌叶片和风机运转，待降温后再继续运行。

（8）水箱内应贮满清水，当水质混浊并有较多砂粒时，应及时检查处理。

（9）泵送时，不得开启任何输送管道和液压管道；不得调整、修理正在运转的部件。

（10）作业中，应对泵送设备和管路进行观察，发现隐患应及时处理。对磨损超过规定的管子、卡箍、密封圈等应及时更换。

（11）应防止管道堵塞。泵送混凝土应搅拌均匀，控制好坍落度；在泵送过程中，不得中途停泵。

（12）当出现输送管堵塞时，应进行反泵运转，使混凝土返回料斗；当反泵几次仍不能消除堵塞，应在泵机卸载情况下，拆管排除堵塞。

（13）作业后应将料斗内和管道内的混凝土全部输出，然后对泵机、料斗、管道进行冲洗。当用压缩空气冲洗管道时候，进气阀不应立即开大，只有当混凝土顺利排出时，方可将进气阀开至最大。

（14）作业后，应将两侧活塞转到清洗室位置，并涂上润滑油。各部位操纵开关、调整手柄、手轮、控制杆、旋塞等均应复位。液压系统应卸载。

（15）高温烈日下应采用湿麻袋或湿草袋遮盖管路，并应及时浇水降温，寒冷冬季应采取保温措施。

3. 混凝土输送泵的维护和保养

（1）日常保养：

1）检查液压油油位、油质，油质应是淡黄色透明、无乳化或浑浊现象，否则应立即更换；

2）润滑脂加满，水箱加 2/3 清水；

3）检查切割环、眼镜板间隙应正常；

4）检查润滑系统工作情况，应看到递进式分配器指示杆来回动作，S 管摆臂端轴承位置、搅拌轴轴承位置等润滑点有润滑油溢出。手动润滑点每台班应注入润滑脂；

5）检查分配阀换向、搅拌装置正反转是否正常动作；

6）检查液压系统是否有漏油、渗油现象；

7）检查所有螺纹连接，保证连接牢固。

（2）柴油机混凝土输送泵保养注意事项：

润滑系统的维修与保养第一次换油 40h。换机油周期应根据使用情况及油的质量而定，如果一年中发动机的工作时间较少，最少一年也要换一次机油，温度低于－10℃环境下，换油周期要缩短一半。

（3）空滤的维护与保养：进气的质量与工作的环境和空滤大小有很大的关系，如果灰尘太多应加粗滤。

（四）混凝土泵车

1. 混凝土泵车使用前的准备与检查

（1）混凝土泵车使用前检查汽车底盘、内燃机、空气压缩机、水泵、液压装置等使用情况，应符合相关的规定。

（2）泵车就位地点应平坦坚实，周围无障碍物，上空无高压输电线。泵车不得停放在斜坡上。

（3）作业前检查项目应符合下列要求：

1）燃油、润滑油、液压油、水箱添加充足，轮胎气压符合规定，照明和信号指示灯齐全良好；

2）液压系统。工作正常，管道无泄漏；清洗水泵及设备齐全良好；

3）搅拌斗内无杂物，料斗上保护格网完好并盖严；

4）输送管路连接牢固，密封良好。

2. 混凝土泵车使用中的安全操作要点

（1）泵车就位后，应支起支腿并保持机身的水平和稳定。当用布料杆送料时，机身倾斜度不得大于 3°。

（2）就位后，泵车应显示停车灯，避免碰撞。

（3）布料杆所用配管和软管应按出厂使用说明的规定选用，不得使用超过规定直径的配管，装接的软管应拴上防脱安全带。

（4）伸展布料杆应按出厂使用说明的顺序进行。布料杆升离支架后方可回转。严禁用布料杆起吊或拖拉物件。

（5）当布料杆处于全伸状态时，不得移动车身。作业中需要移动车身时，应将上段布料杆折叠固定，移动速度不得超过 10km/h。

（6）不得在地面上拖拉布料杆前端软管；严禁延长布料配管和布料杆。当风力在六级及以上时，不得使用布料杆输送混凝土。

（7）泵送前，当液压油温度低于 15℃时，应采用延长空运转时间的方法提高油温。

（8）泵送时应检查泵和搅拌装置的运转情况，监视各仪表和指示灯，发现异常，应及时停机处理。

（9）料斗中混凝土面应保持在搅拌轴中心线以上。

（10）作业中，不得取下料斗上的格网，并应及时清除不合格的集料或杂物。

（11）泵送中当发现压力表上升到最高值，运转声音发生变化时，应立即停止泵送，并应采用反向运转方法排除管道堵塞；无效时，应拆管清洗。

（12）作业后，应将管道和料斗内的混凝土全部输出，然后对料斗、管道等进行冲洗。当采用压缩空气冲洗管道时，管道出口端前方10m内严禁站人。

（13）作业后，不得用压缩空气冲洗布料杆配管，布料杆的折叠收缩应按规定顺序进行。

（14）作业后，各部位操纵开关、调整手柄、手轮、控制杆、旋塞等均应复位，液压系统应卸荷，并应收回支腿，将车停放在安全地带，关闭门窗。冬季应放净存水。

3. 混凝土泵车的维护和保养

（1）日常保养。

操作人员必须按此手册进行维护保养。维护保养工作前应关闭发动机和电源总开关，具体内容如下：

1）检查液压油油位，保持在油位计3/4以上，否则应加注相同牌号的清洁的液压油，建议采用过滤精度为20μm过滤装置清洁液压油。

2）检查油质：停机30min后，用干净的量杯接0.5L油，如油高度污染或有乳化现象，或静置数小时后，底部有沉淀，应立即换油。取下水箱盖板，检查混凝土活塞，应密封良好，无砂浆渗入水箱内。

3）检查切割环与眼镜板间隙。每次使用完毕，彻底清洗后，检查磨损件的状况，当眼镜板和切割环间局部间隙大于1mm时，应进行间隙调整；当间隙大于2mm时，建议更换切割环。

4）检查润滑系统工作情况，S管摆臂轴承位置、搅拌轴轴承位置等润滑点。手动润滑点每台班应注入润滑脂，见产品润滑标牌。

5）检查分配阀摆动、搅拌装置正、反转是否正常动作（开机检查，检查完后关机），再进行其他项目的维护保养工作。

6）检查冷却器外部，如有污物立即清洗，否则易引起油温过热。

7）检查液压过滤器真空表指示，应在绿色区域内（真空度严禁超过0.04MPa）。一般吸油真空度应小于0.02MPa。回油压力真空表示值应小于0.35MPa。

8）敲击方式检查混凝土管磨损程度，检查各管路接头是否密封良好，检查液压系统是否有漏油、渗油、漏水现象。

（2）底盘部分的保养。

1）发动机在首次使用50h后应更换机油，同时更换机油滤清器和柴油精滤器，并清洗柴油粗滤器及空气滤清器。以后每250h更换一次。平时油位不足需添加时，必须使用符合要求的相同牌号和型号的机油。

2）泵车工作时，每10h或每天检查一次机油油位，如欠量应及时注入。

3）取力分动箱齿轮油在泵车使用200h后应该更换，其后的每次换油按1000h的间隔（或半年）进行一次，取力分动箱轴承中的黄油，每隔1000h加注一次。

（3）泵送部分的保养。

1）泵车工作时每8h检查一次液压油的油质和油位，必要时进行补充和更换，新加入的液压油必须和油箱中的油牌号一致。一般泵送20000m^3混凝土或使用半年应彻底更换一次油，换油时必须清洗油箱，并对各部位油缸进行排油处理。

2）泵车工作时每8h检查一次润滑油的油位，建议使用非极压型“00”号半流体锂基润滑脂，在泵送时混凝土缸连接水箱、S管大小轴承座以及搅拌端座处应有润滑油溢出。

3）泵车在泵送3000m³混凝土后应调整眼镜板和切割环之间的间隙，如磨损严重须立即更换。检查混凝土活塞应密封良好，无砂浆渗入水箱。

4）泵车在使用500h后应检查S管及S管轴承位置磨损状况，必要时更换轴套和锥套；

5）检查泵车的吸油过滤器真空表指示，如真空表指针的位置达到红色区域时必须更换滤芯；

6）在开机时必须对各个系统进行检查，查看系统压力是否正常，检查液压系统是否渗漏；

（4）臂架上装的保养。

1）转台回转减速器内的齿轮油在泵车首次使用100h后须全部更换，其后的每次换油按1000h的间隔（或半年）进行一次，建议使用的牌号为南海85W-90重负荷齿轮油，加注量为8L。

2）臂架、支腿各铰接处、回转大齿圈轴承以及回转减速齿轮轴端油嘴处的润滑应每隔60工作小时进行检查并注油，使用的润滑油脂为3号钙基脂。

3）为了减少泵送混凝土时的危险和故障，必须采用正确管径和厚度的输送管、正确的管卡以及安全锁。

4）为了使磨损均匀，让输送管的寿命更长，可以定期旋转输送管：每浇注约5000m³，直管顺时针转120°，弯管转180°。

5）泵车在工作一段时间后应对回转台、臂架和支腿各处的焊缝进行仔细检查，如出现焊缝开裂现象，应立即与相关单位联系，进行妥善处理。

6）泵送混凝土工作完成后应对整个泵车进行清洗，严禁输送管内残存混凝土。

7）特别警告：为保证设备的安全，泵车最前端只允许接4m软管，不允许加接任何其他管道。

（五）插入式振捣器

1. 插入式振捣器使用前的检查

（1）插入式振捣器使用前的检查，振捣器的电动机电源上，应安装漏电保护装置，接地或接零应安全可靠。

（2）操作人员应经过用电培训，作业时应穿戴绝缘胶鞋和绝缘手套。

（3）使用前，应检查各部位并确认连接牢固，旋转方向正确。

2. 插入式振捣器使用中的安全操作要点

（1）作业时，振捣器软管的弯曲半径不得小于500mm，操作时应将振动器垂直插入混凝土，不得用力硬插、斜推或让钢筋夹住棒头，也不得全部插入混凝土中，插入深度不应超过棒长的3/4，应避免触及钢筋及预埋件。

（2）振动棒软管不得出现裂纹，当软管使用过久使长度增长时，应及时修复或更换。

（3）电缆线应采用耐气候型橡皮护套铜芯软电缆，并不得有接头。

（4）电缆线应满足操作所需的长度。电缆线上不得堆压物品或让车辆挤压，严禁用电缆线拖拉或吊挂振动器。

（5）振动器不得在初凝的混凝土、脚手板和干硬的地面上进行试振。在检修或作业间断时应切断电源。

（6）振捣器停止使用时，应立即关闭电动机，搬动振捣器时，应切断电源。不得用轮管或电缆线拖拉，扯动电动机。

3. 插入式振捣器的维护和保养

（1）作业完毕，应将电动机、软管、振动棒等清理干净，并应按规定要求进行保养作业。振动器存放时，不得堆压软管，应平直放好，并应对电动机采取防潮措施。

（2）插入式振捣器电动机电源上，应安装漏电保护装置，接地应安全可靠。电动机未接地线或接地不良者应严禁开机使用。

（3）振捣器的电缆线上不得有裸露之处，电缆线必须放置于干燥、明亮处，不允许在电缆线上堆放其他物品，也不允许车辆在其上通行，更不许用电缆线吊挂振捣器等物。

（六）附着式、平板式振捣器

1. 附着式、平板式振捣器使用前的检查

（1）作业前应检查电动机、电源线、控制开关等完好无破损，附着式振捣器的安装位置正确，连接牢固并应安装减震装置。

（2）平板式振捣器操作人员必须穿戴符合要求的绝缘胶鞋和绝缘手套。

2. 附着式、平板式振捣器使用中的安全操作要点

（1）作业前应对附着式振动器进行检查和试振，试振不得在硬质物体上进行。

（2）平板式振捣器应采用耐气候型橡皮护套铜芯软电缆，并不得有接头和承受任何外力，其长度不应超过 30m。

（3）附着式、平板式振捣器的轴承不应承受轴向力，使用时应保持电动机轴线在水平状态。

（4）振捣器不得在初凝的混凝土和干硬的地面上进行试振。在检修或作业间断时应切断电源。

（5）平板式振捣器作业时应使用牵引绳控制移动速度，不得牵拉电缆。

（6）在同一个混凝土模板或料仓上同时使用多台附着式振捣器时，各振动器的振频应一致，安装位置宜交错设置。

（7）安装时，振动器底板安装螺孔的位置应正确，应防止底脚螺栓安装扭斜而使机壳受损。底脚螺栓应紧固，各螺栓的紧固程度应一致。

（8）使用时，引出电缆线不得拉得过紧。作业时，应随时观察电气设备的漏电保护器和接零装置并确认正常。

（9）附着式振动器安装在混凝土模板上时，每次振动时间不应超过 1min，当混凝土在模板内泛浆流动或成水平状时即可停振，不得在混凝土初凝状态时再振。

（10）平板式振动器作业时，应使平板与混凝土保持接触，即可缓慢向前移动，移动速度应能保证混凝土振实出浆。在振的振动器，不得搁置在已凝或初凝的混凝土上。

3. 附着式、平板式振捣器的维护和保养

（1）作业完毕，应切断电源并将振动器清理干净。

（2）用绳拉平板振捣器时，拉绳应干燥绝缘。作业转移时电动机的导线应保持有足够的长度和松度。严禁用电源线拖拉振捣器。

（3）振捣器的电缆线上不得有裸露之处，电缆线必须放置于干燥、明亮处，不允许在电缆线上堆放其他物品，也不允许车辆在其上通行，更不许用电缆线吊挂振捣器等物。

（七）混凝土振动台

1. 混凝土振动台使用前的准备与检查

（1）作业前应检查并确认电动机和传动装置完好，特别是轴承座螺栓、偏心块螺栓、电动机和齿轮箱螺栓等紧固件紧固牢靠。

（2）检查电动机接地状况应良好，电缆线与线接头应绝缘良好，不得有破损漏电现象。

2. 混凝土振动台使用中的安全操作要点

（1）振动台应安装在牢固的基础上，地脚螺栓应拧紧。基础中间应留有地下坑道，应能调整和检修。

（2）振动台应设有可靠的锁紧夹，振动时将混凝土槽锁紧，严禁混凝土模板在振动台上无约束振动。

（3）振动台连接线应穿在硬塑料管内，并预埋牢固。

（4）振动台不宜长时间空载运转。振动台上应安置牢固可靠的模板并锁紧夹具，并应保证模板混凝土和台面一起振动。

（5）齿轮箱的油面应保持在规定的平面上，作业时油温不得超过70℃。

（6）作业时应观察润滑油不泄漏、油温正常，传动装置无异常。

（7）作业中应重点检查轴承温升，当发现过热时应停机检修。

（8）在振动过程中不得调节预置拨码开关，检修作业时应切断电源。

3. 混凝土振动台的维护和保养

（1）振动台面应经常保持清洁平整，发现裂纹及时修补。

（2）各部轴承，应定期拆洗更换润滑油。

（八）混凝土喷射机

1. 混凝土喷射机使用前的检查

（1）喷射机风源应是符合要求的稳压源，电源、水源、加料设备等均应配套。

（2）管道安装应正确，连接处应紧固密封。当管道通过道路时，应设置在地槽内并加盖保护。

（3）喷射机内部应保持干燥和清洁，应按出厂使用说明规定的配合比配料，不得使用结块的水泥和未经筛选的砂石。

（4）作业前应重点检查以下项目，并应符合下列要求：

1）安全阀灵敏可靠；

2）电源线无破裂现象，接线牢靠；

3）各部密封件密封良好；

4）压力表正常，根据输送距离，调整上限压力的极限值；

5）喷枪水环的孔眼畅通。

2. 混凝土喷射机使用中的安全操作要点

（1）启动前，应先接通风、水、电，开启进气阀逐步达到额定压力，再启动电动机空载运转，确认正常后，方可投料作业。

（2）机械操作和喷射操作人员应有联系信号，送风、加料、停料、停风以及发生堵塞时，应及时联系，密切配合。

（3）在喷嘴前方严禁站人，操作人员应始终站在已喷射过的混凝土支护面以内。

（4）作业中，当暂停时间超过1h时，应将仓内及输料管内的混合料全部喷出。

（5）发生堵管时，应先停止喂料，对堵塞部位进行敲击，迫使物料松散，然后用压缩空气吹通。此时，操作人员应紧握喷嘴，严禁甩动管道伤人。当管道中有压力时，不得拆卸管接头。

（6）转移作业面时，供风、供水系统随之移动，输送软管不得随地拖拉和折弯。

（7）停机时，应先停止加料，再关闭电动机，然后停止供水，最后停送压缩空气。

3. 混凝土喷射机的维护和保养

（1）作业后，应将仓内和输料软管内的混合料全部喷出，并应将喷嘴拆下清洗干净，清除机身内外粘附的混凝土料及杂物。同时应清理输料管，对管道的弯道处锤击数次，清除管道中粘结的水泥块。

（2）非工作时应使密封件处于放松状态，以延长橡胶结合板的使用寿命。如橡胶结合板和旋转板有明显沟槽时，应及时磨削，以保证动态下的气密性。

（3）地下工程条件恶劣，要经常注意保护电源线，要防止在外缘破裂、部分折断等情况下工作。缸罐式喷射机的蜗轮减速器每半年要拆检清洗一次。转子式喷射机的齿轮减速器应每年检修、清洗一次，必要时更换新油。

（4）WG-25型喷射机的维护和保养。喷射完毕，要对喷射机进行清洗和喷洗。先用高压风吹洗上、下料，用罐或木槌敲打罐体，使粘结在内壁的混凝土颗粒受振动而脱落。再打开，卸下喷出弯管，清理喷出弯管转角处粘结的混凝土，防止断面变小而影响拌合料的通过能力；卸开喷头，清洗水环。机器表面也要及时清洗干净，以免影响下一次使用。

（5）转子-Ⅱ型喷射机的维护与保养

1）清洗工作每次进行喷射工作后，都要清洗干净以下零部件：第一清除上座体料腔、料斗内的余灰；第二，用压风吹净旋转体料杯内的粘合物。

2）要经常检查调整橡胶清扫器和结合板：橡胶板与旋转衬板的距离以0.5～1m为宜，旋转衬板的厚度小于15mm时要进行更换。橡胶结合板磨损有凹沟槽，漏风严重时，要把磨损面车平（或磨平）后再用，1块板可重车2次，但橡胶厚度小于7mm时要更换。

3）经常检查传动减速箱内的油位和油质：使用200h后要更换传动减速箱内的机油。每周给旋转体下部的平面轴承加润滑脂。电气设备要避免受潮，防爆面要经常除锈涂油。每月对机器小检修一次，六个月对机器进行一次中修，每次检修要认真记录，立账设卡。

（九）混凝土布料机

1. 混凝土布料机使用前的准备与检查

（1）设置混凝土布料机前应确认现场有足够的作业空间，混凝土布料机任一部位与其他设备及构筑物的安全距离不应小于0.6m。

（2）固定式混凝土布料机的工作面应平整坚实。当设置在楼板上时，其支撑强度必须符合使用说明的要求。

（3）混凝土布料机作业前应重点检查以下项目，并符合下列规定：

1）各支腿打开垫实并锁紧；

2）塔架的垂直度符合使用说明要求；

3）配重块应与臂架安装长度匹配；

4）臂架回转机构润滑充足，转动灵活；

5）机动混凝土布料机的动力装置、传动装置、安全及制动装置符合要求；

6）混凝土输送管道连接牢固。

2. 混凝土布料机使用中的安全操作要点

（1）手动混凝土布料机，臂架回转速度应缓慢均匀，牵引绳长度应满足安全距离的要求。严禁作业人员在臂架下停留。

（2）输送管出料口与混凝土浇筑面保持1m左右的距离，不得被混凝土堆埋。

（3）严禁作业人员在臂架下方停留。

（4）当风速达到10.8m/s以上或大雨、大雾等恶劣天气应停止作业。

（5）具体的使用操作要点如下：

1）将手动管折回与主梁固定，将配重箱装入平衡架内，加500kg沙石配重，吊装大梁时找好平衡，方可安装；

2）用吊装机械将布料杆吊到适宜工作面上，落到工作面前，将伸缩腿拉出处于最大位置；

3）平稳放下布料杆，并调整在一个水平面上，（用木板调整）不得倾斜；

4）正常工作前配重箱另加500～800kg沙石配重；

5）将主梁架转到回转支承座中间位置；

6）将混凝土泵配管末端与布料杆下方90°弯管用管卡子固定；

7）在操作时，一人握住手动管前端手柄，转动主梁架和前端手动管以获得不同平面内的布料（因回转支承灵活，必要时可人为制动主梁架转动，以防止主梁架和手动管同步转动；

8）工作完毕，拆下与混凝土连接的输送管后，收回伸缩支腿，拆下前端手动管。

（6）使用中的安全注意事项

1）手动管前端不得连接橡胶输送软管，以免拉动时倾覆；

2）手动管出口处不得被混凝土堆埋；

3）出现要倾覆现象时，应立即停止布料；

4）在完成作业浇注后，必须对布料杆配管进行清洗，管内壁应清洁，无残留混凝土；

5）在高层施工中，风力不得大于6级；

6）不得随意增减配重箱内的配重材料，以防倾覆。

3. 混凝土布料机的维护和保养

（1）布料杆的润滑：布料杆各部分保持良好润滑状态，对减少机件磨损，延长使用寿命，便于操作是十分重要的，故在使用中必须对润滑点进行保养，每82h工作间距后注入钠或钙脂润滑脂。

（2）布料杆机的维护和故障：

1）管路清洗后检查管路内壁是否留有残余混凝土；

2）定期检查支承，活动支承等各部位连接螺栓是否紧固可靠，支承、活动支承初次工作时每班次都应检查螺栓紧力，以后每班次都检查一次；

3）班次工作前，应检查管卡子插销是否脱出或折断。

七、钢筋加工机械

（一）钢筋调直切断机

1. 钢筋调直切断机使用前的准备检查

（1）机械的安装应坚实稳固。固定式机械应有可靠的基础；移动式机械作业时应楔紧行走轮。

（2）室外作业应设置机棚，机器旁应有堆放原料、半成品、成品的场地。

（3）加工较长的钢筋时，应有专人帮扶，并听从操作人员指挥，不得任意推拉。

2. 钢筋调直切断机使用中的安全操作要点

（1）料架、料槽应安装平直，并应对准导向筒、调直筒和下切刀孔的中心线。

（2）应用手转动飞轮，检查传动机构和工作装置，调整间隙，紧固螺栓，检查电气系统确认正常后，启动空运转，并应检查轴承无异响，齿轮啮合良好，运转正常后，方可作业。

（3）应按调直钢筋的直径，选用适当的调直块，曳引轮槽及传动速度。调直块的孔径应比钢筋直径大 2～5mm，曳引轮槽宽，应和所需调直钢筋的直径相符合，传动速度应根据钢筋直径选用，直径大的宜选用慢速，经调试合格，方可送料。

（4）在调直块未固定、防护罩未盖好前不得送料。作业中严禁打开各部防护罩并调整间隙。

（5）送料前，应将不直的钢筋端头切除。导向筒前应安装一根 1m 长的钢管，钢筋应先穿过钢管再送入调直前端的导孔内。

（6）当钢筋送入后，手与曳轮应保持一定的距离，不得接近。

（7）经过调直后的钢筋如仍有慢弯，可逐渐加大调直块的偏移量，直到调直为止。

（8）切断 3～4 根钢筋后，应停机检查其长度，当超过允许偏差时，应调整限位开关或定尺板。

（9）作业后，应堆放好成品，清理场地，切断电源，锁好开关箱，做好润滑工作。

3. 钢筋调直切断机的维护和保养

（1）保养好机械的本身就是机械正常运转的基础，在钢筋调直切断机正常使用中，对整机的运转和运转固定部位，如电机座、调直筒带轮、送料箱带轮与链条链轮、送料轮等，每班前做一次检查。固定螺栓、轴承、调直轮支架总成，应在每工作一个月，进行一次清洗和保养，以免造成调直筒前后轴承发热、调直筒左右旋丝因蓄污而卡死拧不动现象。经常检查调整三角带松紧程度，皮带松动后应适当调整电动机机座下的连接螺栓，保持松紧合适；在工作中应当经常检查各轴承，油箱部位温度及响声是否正常，发现有温度过高、响声异常等情况必须立即停车进行检修。

（2）需要润滑注油的位置如下：

1）调直筒两端上面的注油孔，每个班应该注油4～6次；

2）牵引送丝机构上端的注油口，每个班检查2次，发现缺少及时补充；

3）液压切刀滑杠轨道部分，每个班至少加油4次；

4）液压切刀活动刀杆部分，每个班至少加油4次，并且注意经常清理。

5）切刀周围的碎屑等异物；调直机应按照要求进行润滑定期注油，才能延长设备使用寿命，有效的降低设备故障。

（3）调直筒内调直轮注油。如在整机装配中注油不方便，可把固定板整套卸下进行注油。此项工作每周至少加油润滑2～3次。电动机的温升不应超过600℃。

（二）钢筋切断机

1. 钢筋切断机使用前的准备与检查

（1）机械的安装应坚实稳固。固定式机械应有可靠的基础；移动式机械作业时应楔紧行走轮。

（2）室外作业应设置机棚，机旁应有堆放原料、半成品、成品的场地。

（3）加工较长的钢筋时，应有专人帮扶，并听从操作人员指挥，不得任意推拉。

2. 钢筋切断机使用中的安全操作要点

（1）接送料的工作台面应和切刀下部保持水平，工作台的长度应根据加工材料长度确定。

（2）启动前，应检查并确认切刀无裂纹，刀架螺栓紧固，防护罩牢靠。然后用手转动皮带轮，检查齿轮啮合间隙，调整切刀间隙。

（3）启动后，应先空运转，检查各传动部分及轴承运转正常后，方可作业。

（4）机械未达到正常转速时，不得切料。切料时，应使用切刀的中、下部位，紧握钢筋对准刃口迅速投入，操作者应站在固定刀片一侧用力压住钢筋，应防止钢筋末端弹出伤人。严禁用两手分在刀片两边握住钢筋俯身送料。

（5）不得剪切直径及强度超过机械铭牌规定的钢筋和烧红的钢筋。一次切断多根钢筋时，其总截面积应在规定范围内。

（6）剪切低合金钢时，应更换高硬度切刀，剪切直径应符合机械铭牌规定。

（7）切断短料时，手和切刀之间的距离应保持在150mm以上，如手握端小于400mm时，应采用套管或夹具将钢筋短头压住或夹牢。

（8）运转中，严禁用手直接清除切刀附近的断头和杂物。钢筋摆动周围和切刀周围，不得停留非操作人员。

（9）当发现机械运转不正常、有异常响声或切刀歪斜时，应立即停机检修。

（10）液压传动式切断机作业前，应检查并确认液压油位及电动机旋转方向符合要求。启动后，应空载运转，松开放油阀，排净液压缸体内的空气，方可进行切筋。

（11）手动液压式切断机使用前，应将放油阀按顺时针方向旋紧，切割完毕后，应立即按逆时针方向旋松。作业中，手应持稳切断机，并戴好绝缘手套。

（12）作业后，应切断电源，用钢刷清除切刀间的杂物，进行整机清洁润滑。

3. 钢筋切断机的维护和保养

（1）作业完毕后应清除刀具及刀具下边的杂物，保持机体清洁。检查各部螺栓的紧固度及三角胶带的松紧度；调整固定与活动刀片的间隙，更换磨钝的刀片。

（2）每隔400～500h进行定期保养，检查齿轮、轴承和偏心体磨损程度，调整各部位间隙。

（3）按规定部位和周期进行润滑。偏心轴和齿轮轴的滑动轴承、电动机轴承、连杆盖及刀具用钙基润滑脂润滑，冬季用ZG-2号润滑脂，夏季用ZG-4号润滑脂，机体刀座用HG-11号气缸机油润滑，齿轮用ZG-S号石墨脂润滑。

（4）维护保养，每班保养（每班工作前、工作中和工作后进行）：

1）清洁机体，按润滑表加注规定的油料；

2）检查各部螺栓，不得缺损，要紧固牢靠。三角皮带的松紧度以能在皮带中间按下10～15mm为宜，各防护装置要齐全完好；

3）检查电路和开关，线头应连接牢固，保险丝应符合规定，开关接触应可靠，接地应良好；

4）调整固定刀片和活动刀片的间隙，两刀片的重叠量在正常情况下为2mm，间隙应不大于0.3mm；

5）刀片固定架的螺栓不得松动，如刀口磨钝应予更换；

6）检查离合器，接触应平稳，分离应完全；

7）用手转动2～3圈进行试运转，各部灵活无阻后，再接通电源运转1～2min，各部应工作正常，无异常声响；

8）在运转中检查轴承温度，滚动轴承及滑动轴承的温度不应高于600℃。

（5）一级保养（按每隔400工作小时进度进行）：

1）进行每班保养的全部工作；

2）测量电机绝缘电阻值和拆检电动机，电机绝缘阻值不应低于0.5MΩ，否则应予以干燥，拆检电动机，清除定子绕组上的灰尘，检查定子和转子间有无摩擦痕迹，清洗轴承，加注新润滑脂；

3）拆检各传动零件，清洗油污。检查齿轮、轴承和偏心体的磨损程度，齿轮侧面向间隙应不大于1.7mm，滑动轴承径向间隙不应大于0.4mm，偏心体与滑板座之间的间隙应不大于0.5mm。加注新润滑油；

4）检查滑板和滑板座表面磨损情况，滑板与滑板座纵向游动间隙不得大于0.5mm，横向间隙不得大于0.2mm。

（三）钢筋弯曲机

1. 钢筋弯曲机使用前的准备与检查

（1）机械的安装应坚实稳固。固定式机械应有可靠的基础；移动式机械作业时应楔紧行走轮。

（2）室外作业应设置机棚，机器旁应有堆放原料、半成品、成品的场地。

（3）加工较长的钢筋时，应有专人帮扶，并听从操作人员指挥，不得任意推拉。

（4）工作台和弯曲机台面应保持水平，作业前应准备好各种芯轴及工具。

（5）应按加工钢筋的直径和弯曲半径的要求，装好相应规格的芯轴和成型轴、挡铁轴。芯轴直径应为钢筋直径的2.5倍。挡铁轴应有轴套。

（6）挡铁轴的直径和强度不得小于被弯钢筋的直径和强度。不直的钢筋，不得在弯曲机上弯曲。

（7）应检查并确认芯轴、挡铁轴、转盘等无裂纹和损伤，防护罩坚固可靠，空载运转正常后，方可作业。

（8）使用前要加好润滑油；确认传动部件及工作部件无裂痕和损伤，检查电动机接地情况；确保防护罩安全可靠，在空载运行正常后方可使用。

2. 钢筋弯曲机使用中的安全操作要点

（1）作业时，应将钢筋需弯一端插入在转盘固定销的间隙内，另一端紧靠机身固定销，并用手压紧；应检查机身固定销并确认安放在挡住钢筋的一侧，方可开动。弯曲较长的钢筋时，要有专人扶持钢筋，扶持人员要服从操作人员的指挥，不能任意推拉。在运转中，如发现卡盘振动，电动机温度升高超过规定值等异状，都应关掉电源，停机检修。

（2）作业中，严禁更换轴芯、销子和变换角度以及调速，不得进行清扫和加油。

（3）对超过机械铭牌规定直径的钢筋严禁进行弯曲。在弯曲未经冷拉或带有锈皮的钢筋时，应戴防护镜。

（4）弯曲高强度或低合金钢筋时，应按机械铭牌规定换算最大允许直径并应调换相应的芯轴。

（5）在弯曲钢筋的作业半径内和机身不设固定销的一侧严禁站人。弯曲好的半成品，应堆放整齐，弯钩不得朝上。

（6）转盘换向时，应待停稳后进行。

（7）工作完毕后要把开关打到停位，断掉电源，整理机具，将弯曲好的半成品钢筋码放整齐，弯钩不要向上，并清扫杂物和铁锈。

3. 钢筋弯曲机的维护和保养

（1）清理。关闭所有的电源，整理弯曲机中的所有配件，清理上面的杂质与铁锈。在放置钢筋弯曲机的时候我们要将它平行于地面放置，这样就不会出现配件倾斜的情况了。弯曲机的周围要留有相关的空隙，方便后期的维修。

（2）具体的维护保养内容如下：

1）作业后，应及时清除转盘及插入座孔内的铁锈、杂物等；

2）作业后，应堆放好成品，清理场地，切断电源，锁好开关箱，做好润滑工作；

3）开关使用前一定要在各个润滑部位加足润滑油，尤其是蜗轮箱内，必须按要求加足SY1103—77齿轮油；

4）严格按润滑周期表形成加油制度；

5）设备开始使用200h左右，应将蜗轮箱内润滑更换一次，在换油之前，应先用煤油将箱体内部冲洗干净；

6）设备长期不用时，应在机械加工表面的非涂漆部位涂防锈油脂，并存放在室内干燥处。

（四）钢筋冷拉机

1. 钢筋冷拉机使用前的准备与检查

（1）机械的安装应坚实稳固。固定式机械应有可靠的基础；移动式机械作业时应楔紧行走轮。

（2）室外作业应设置机棚，机器旁应有堆放原料、半成品、成品的场地。

（3）作业前，应检查冷拉夹具，夹齿应完好，滑轮、拖拉小车应润滑灵活，拉钩、地锚及防护装置均应齐全牢固。确认良好后，方可作业。

2. 钢筋冷拉机使用中的安全操作要点

（1）应根据冷拉钢筋的直径，合理选用卷扬机。卷扬钢丝绳应经封闭式导向滑轮，并和被拉钢筋成直角。卷扬机的位置应使操作人员能见到全部冷拉场地，卷扬机与冷拉中线距离不得小于5m。

（2）冷拉场地应在两端地锚外侧设置警戒区，并应安装防护栏及警告标志。无关人员不得在此停留。操作人员在作业时必须离开钢筋2m以外。

（3）用配重控制的设备应与滑轮匹配，并应有指示起落的记号，没有指示记号时应有专人指挥。配重框提起时高度应限制在离地面300mm以内，配重架四周应有栏杆及警告标志。

（4）卷扬机操作人员必须看到指挥人员发出信号，并待所有人员离开危险区后方可作业。冷拉应缓慢、均匀。当有停车信号或见到有人进入危险区时，应立即停拉，并稍稍放松卷扬钢丝绳。

（5）用延伸率控制的装置，应装设明显的限位标志，并应有专人负责指挥。

（6）夜间作业的照明设施，应装设在张拉危险区外。当需要装设在场地上空时，其高度应超过5m。灯泡应加防护罩，导线严禁采用裸线。

（7）作业后，应放松卷扬钢丝绳，落下配重，切断电源，锁好开关箱。

3. 钢筋冷拉机的维护和保养

（1）作业后，应堆放好成品，清理场地，切断电源，锁好开关箱，做好润滑工作。

（2）电气设备，液压元件必须完好，导线绝缘必须良好，接头处要连接牢固，电动机和启动器的外壳必须接地。

（3）液压式钢筋冷拉机用液压油系柴油机油。液压油应严格保持清洁，并按期更换。

（4）钢筋冷拉设备的保养应遵守调整、润滑、清洁、紧固、防腐十字作业法。

（五）钢筋冷拔机

1. 钢筋冷拔机使用前的检查

（1）机械的安装应坚实稳固。固定式机械应有可靠的基础；移动式机械作业时应楔紧行走轮。

（2）室外作业应设置机棚，机器旁应有堆放原料、半成品、成品的场地。

（3）加工较长的钢筋时，应有专人帮扶，并听从操作人员指挥，不得任意推拉。

（4）应检查并确认机械各连接件牢固，模具无裂纹，轧头和模具的规格配套，然后启动主机空运转，确认正常后，方可作业。

2. 钢筋冷拔机使用中的安全操作要点

（1）在冷拔钢筋时，每道工序的冷拔直径应按机械出厂使用说明规定进行，不得超量缩减模具孔径，无资料时，可按每次缩减孔径0.5～1.0mm。

（2）轧头时，应先使钢筋的一端穿过模具长度达100～150mm，再用夹具夹牢。

（3）作业时，操作人员的手和轧辊应保持300～500mm的距离。不得用手直接接触钢筋和滚筒。

（4）冷拔模架中应随时加足润滑剂，润滑剂应采用石灰和肥皂水调和晒干后的粉末。钢筋通过冷拔模前，应抹少量润滑脂。

（5）当钢筋的末端通过冷拔模后，应立即脱开离合器，同时用手闸挡住钢筋末端。

（6）拔丝过程中，当出现断丝或钢筋打结乱盘时，应立即停机；在处理完毕后，方可开机。

3. 钢筋冷拔机的维护和保养

（1）作业后，应堆放好成品，清理场地，切断电源，锁好开关箱，做好润滑工作。

（2）钢筋冷拔机的齿轮副及滚动轴承处一般采用油泵喷射润滑。润滑油冬季用HJ-20号机械油，夏季用HJ-30号机械油。

（3）钢筋冷拔机应按润滑周期的规定注油，传动箱体内要保持一定的油位。

（六）钢筋冷挤压连接机

1. 钢筋冷挤压连接机使用前的检查

（1）机械的安装应坚实稳固。固定式机械应有可靠的基础；移动式机械作业时应楔紧行走轮。

（2）室外作业应设置机棚，机旁应有堆放原料、半成品、成品的场地。

（3）加工较长的钢筋时，应有专人帮扶，并听从操作人员指挥，不得任意推拉。

（4）有下列情况之一时，应对挤压机的挤压力进行标定：

1）新挤压设备使用前；

2）旧挤压设备大修后；

3）油压表受损或强烈振动后；

4）套筒压痕异常且查不出其他原因时；

5）挤压设备使用超过一年；

6）挤压的接头数超过5000个。

2. 钢筋冷挤压连接机使用中的安全操作要点

（1）设备使用前后的拆装过程中，超高压油管两端的接头及压接钳、换向阀的进出油接头，应保持清洁，并应及时用专用防尘帽封好。超高压油管的弯曲半径不得小于250mm，扣压接头处不得扭转，且不得有死弯。

（2）挤压机液压系统的使用应符合有关规定；高压胶管不得荷重拖拉、弯折和受到尖利物体刻划。

（3）压模、套筒与钢筋应相互配套使用，压模上应有相对应的连接钢筋规格标记。

（4）挤压前的准备工作应符合下列要求：

1）钢筋端头的锈、泥沙、油污等杂物应清理干净；

2）钢筋与套筒应先进行试套，当钢筋有马蹄、弯折或纵肋尺寸过大时，应预先进行矫正或用砂轮打磨；不同直径钢筋的套筒不得串用；

3）钢筋端部应划出定位标记与检查标记，定位标记与钢筋端头的距离应为套筒长度的一半，检查标记与定位标记的距离宜为20mm；

4）检查挤压设备情况，应进行试压，符合要求后方可作业。

（5）挤压操作应符合下列要求：

1）钢筋挤压连接宜先在地面上挤压一端套筒，在施工作业区插入待接钢筋后再挤压另一端套筒；

2）压接钳就位时，应对准套筒压痕位置的标记，并应与钢筋轴线保持垂直；

3）挤压顺序宜从套筒中部开始，并逐渐向端部挤压；

4）挤压作业人员不得随意改变挤压力、压接道数或挤压顺序。

3. 钢筋冷挤压连接机的维护和保养

作业后，应收拾好成品、套筒和压模，清理场地，切断电源，锁好开关箱，最后将挤压机和挤压钳放到指定地点。

（七）钢筋螺纹成型机

1. 钢筋螺纹成型机使用前的准备与检查

使用机械前，应检查刀具安装正确，连接牢固，各运转部位润滑情况良好，有无漏电现象，空车试运转确认无误后，方可作业。

2. 钢筋螺纹成型机使用中的安全操作要点

（1）钢筋应先调直再下料。切口端面应与钢筋轴线垂直，不得有马蹄形或挠曲，不得用气割下料。

（2）加工钢筋锥螺纹时，应采用水溶性切削润滑液；当气温低于0℃时，应掺入15％～20％亚硝酸钠。不得用机油作润滑液或不加润滑液套丝。

（3）加工时必须确保钢筋夹持牢固。

（4）机械在运转过程中，严禁清扫刀片上面的积屑杂污，发现工况不良应立即停机检查、修理。

（5）对超过机械铭牌规定直径的钢筋严禁进行加工。

3. 钢筋螺纹成型机的维护和保养

作业后，应切断电源，用钢刷清除切刀间的杂物，进行整机清洁润滑。

（八）钢筋除锈机

1. 钢筋除锈机使用前的准备与检查

（1）作业前应检查钢丝刷的固定螺栓有无松动，传动部分润滑和封闭式防护罩及排尘设备等完好情况。

（2）操作人员必须束紧袖口，戴防尘口罩、手套和防护眼镜。

2. 钢筋除锈机使用中的安全操作要点

（1）严禁将弯钩成型的钢筋上机除锈。弯度过大的钢筋宜在基本调直后除锈。

（2）操作时应将钢筋放平，手握紧，侧身送料，严禁在除锈机正面站人。整根长钢筋除锈应由两人配合操作，互相呼应。

3. 钢筋除锈机的维护和保养

作业后，清除除锈机上的杂物，切断电源，传动部分润滑工作和封闭式防护措施要做好。

八、木工机械

（一）带锯机

1. 带锯机使用前的准备与检查

（1）操作人员应穿紧身衣裤，束紧长发，不得系领带和戴手套。

（2）木工机械设备电源的安装和拆除、机械电气故障的排除，应由专业电工进行，木工机械只准使用单向开关，不准使用倒顺双向开关。

（3）木工机械安全装置必须齐全有效，传动部位必须安装防护罩，各部件连接紧固。工作场所应备有齐全可靠的消防器材。严禁在工作场所吸烟和有其他明火，并不得存放易燃易爆物品。

（4）工作场所的待加工和已加工木料应堆放整齐，保证道路畅通。

（5）机械应保持清洁，工作台上不得放置杂物。

（6）机械的皮带轮、锯轮、刀轴、锯片、砂轮等高速转动部件应在安装时做平衡试验。

（7）加工前，应从木料中清除铁钉、钢丝等金属物，各种刀具破损程度应符合使用说明书的规定。

（8）装设有气动除尘装置的木工机械，作业前应先启动排尘风机，保持排尘管道不变形、不漏风。

（9）作业前，检查锯条，如锯条齿侧的裂纹长度超过 10mm，锯条接头处裂纹长度超过 10mm，以及连续缺齿两个和接头超过两个的锯条均不得使用。裂纹在以上规定内必须在裂纹终端冲一止裂孔。锯条松紧度调整适当后先空载运转，如声音正常，无串条现象时，方可作业。各种刀具破损程度应符合使用说明书的规定。

2. 带锯机使用中的安全操作要点

（1）运行中需注意：

1）运行中不得跨过机械传动部分传递工件、工具等。排除故障、拆装刀具时必须待机械停稳后，切断电源，方可进行；

2）根据木材的材质、粗细、湿度等选择合适的切削和进给速度。操作人员与辅助人员应密切配合，以同步匀速接送料；

3）多功能机械使用时，只允许使用一种功能，应卸掉其他功能装置，避免多动作引起的安全事故。

（2）作业中，操作人员应站在带锯机的两侧，跑车开动后，行程范围内的轨道周围不准站人，严禁在运行中上、下跑车。

（3）原木进锯前，应调好尺寸，进锯后不得调整。进锯速度应均匀，不能过猛。

(4) 在木材的尾端越过锯条500mm后，方可进行倒车。倒车速度不宜过快。要注意木槎、节疤碰卡锯条。

(5) 平台式带锯作业时，送接料要配合一致。送料、接料时不得将手送进台面。锯短料时，应用推棍送料。回送木料时，要离开锯条50mm以上。

(6) 装设有气动吸尘罩的带锯机，当木屑堵塞吸尘管口时，严禁在运转中清理管口。

(7) 带锯机张紧装置的压砣（重锤），应根据锯条的宽度与厚度调节挡位或增减副砣，不得用增加重锤重量的办法克服锯条口松或串条等现象。

(8) 作业后，应切断电源，锁好闸箱，进行清理、润滑。

(9) 注意操作时噪声排放应不超过90dB，超过时应采取降噪措施或佩戴防护用品。

3. 带锯机的维护和保养

(1) 应经常清扫机器上的锯屑、树脂和灰尘，保持锯轮、锯条以及滑动部位的清洁。

(2) 检查电气装置，如电动机的运转情况，电磁离合器及行程开关接触是否良好等。

(3) 对锯机、传动系统的轴承、轴瓦、齿轮、丝杆、蜗轮蜗杆，滑道等摩擦部位，要定期检查加油。

(4) 定期检查校正机器各部件位置：

1) 检查校正上、下锯轮是否在同一垂直平面内，轮缘是否横向歪扭。检查方法：在上锯轮前缘左右各挂一个线锤，若下锯轮两面正好和垂线接触，则表示两轮正好在同一直面内；若偏向一边，则说明装偏了。然后再校正两轮前缘侧平面是否和垂线一致，若与垂线有一角度，则说明锯轮安装歪扭。校正时调整上锯轮较方便，若偏扭过大，也可调整下锯轮。

2) 检查轮缘磨损程度。轮面磨损严重时，会影响锯削质量，减短锯条使用寿命，必须拆下用车床车平。车平时，要保护好轮轴中心孔，以免定错中心，导致锯轮被车偏；轮面切削深度要少，以延长锯轮使用寿命。

3) 检查锯轮轮轴与进料方向，如不平行，则需调整。

4) 检查上轮升降系统，着重检查蜗杆蜗轮的磨损程度及丝杆螺母间隙中是否存有锯屑等杂质，以升降灵活轻便为准。

5) 检查上锯卡升降是否垂直、灵活。若滑轨与滑槽间隙过大则应加修整。

6) 检查自动张紧装置是否灵活。如发现动作不灵，则要检查原因，及时调整。

7) 检查锯机运转是否稳定。如有振动，则要停机维修。

8) 检查安全防护装置及吸尘系统，保证防护装置可靠，吸尘系统畅通。

（二）圆盘锯

1. 圆盘锯使用前的准备与检查

(1) 操作人员应穿紧身衣裤，束紧长发，不得系领带和戴手套。

(2) 木工机械设备电源的安装和拆除、机械电气故障的排除，应由专业电工进行，木工机械只准使用单向开关，不准使用倒顺双向开关。

(3) 木工机械安全装置必须齐全有效，传动部位必须安装防护罩，各部件连接紧固。

(4) 工作场所应备有齐全可靠的消防器材。严禁在工作场所吸烟和有其他明火，并不得存放易燃易爆物品。

(5) 工作场所的待加工和已加工木料应堆放整齐，保证道路畅通。

(6) 机械应保持清洁，工作台上不得放置杂物。

(7) 机械的皮带轮、锯轮、刀轴、锯片、砂轮等高速转动部件应在安装时做平衡试验。

(8) 加工前，应从木料中清除铁钉、铁丝等金属物，各种刀具破损程度应符合使用说明书的规定。

(9) 装设有气动除尘装置的木工机械，作业前应先启动排尘风机，保持排尘管道不变形、不漏风。

2. 圆盘锯使用中的安全操作要点

(1) 运行中需注意几点：

1) 运行中不得跨过机械传动部分传递工件、工具等，排除故障、拆装刀具时必须待机械停稳后，切断电源，方可进行；

2) 根据木材的材质、粗细、湿度等选择合适的切削和进给速度，操作人员与辅助人员应密切配合，以同步匀速接送料；

3) 多功能机械使用时，只允许使用一种功能，应卸掉其他功能装置，避免多动作引起的安全事故。

(2) 圆盘锯必须装设分料器，开料锯与料锯不得混用。锯片上方必须安装保险挡板和滴水装置，在锯片后面，离齿 10～15mm 处，必须安装弧形楔刀。锯片的安装，应保持与轴同心，夹持锯片的法兰盘直径应为锯片直径的 1/4。

(3) 锯片必须锯齿尖锐，不得连续缺齿两个，锯片不得有裂纹。

(4) 被锯木料厚度，以锯片能露出木料 10～20mm 为限，长度应不小于 500mm。

(5) 启动后，待转速正常后方可进行锯料。送料时不得将木料左右晃动或高抬，遇木节要缓缓送料。接近端头时，应用推棍送料。

(6) 如锯线走偏，应逐渐纠正，不得猛扳，以免损坏锯片。

(7) 操作人员应戴防护眼镜，不得站在面对锯片离心力方向操作。作业时手臂不得跨越锯片。

(8) 必须紧贴靠尺送料，不得用力过猛，遇硬节疤应慢退。必须待出料超过锯片 15cm 方可上手接料，不得用手硬拉。

(9) 短窄料应用推棍，接料使用刨钩。严禁锯小于 50cm 长的短料。

(10) 木料走偏时，应立即切断电源，停机调整后再锯，不得猛力推进或拉出。

(11) 锯片运转时间过长应用水冷却，直径 60cm 以上的锯片工作时应喷水冷却。

(12) 严禁使用木棒或木块制动锯片的方法停机。

(13) 作业后，应切断电源，锁好闸箱，进行清理、润滑。

(14) 噪声排放应不超过 90dB，超过时应采取降噪措施或配戴防护用品。

3. 圆盘锯的维护和保养

(1) 及时修磨是非常重要的，因为不锋利的锯片在工作时，锯身会发热，同时造成马达负荷过大，减少锯片的使用寿命。在应当修磨的时候继续切削，每增加 10%的切削量，会带来额外 50%的合金损伤，缩短锯片使用寿命。有下列情况时，需及时修磨：

1) 锯切质量不再符合要求时；

2）当机床的能耗明显增大时；

3）切削材料的边缘有明显爆口时候；

4）合金刃口磨损达到0.2mm时。

（2）必须经常性清除聚集在锯齿及锯板侧面的树脂、碎屑等杂物，因为粘着物不断累计，会增大阻力，造成高耗能（极端情况下，会造成机器马达的烧毁）以及粗糙的切削质量。如果同时刃口较钝，就有可能造成锯齿的损伤。

（3）清洗时应避免使用腐蚀性溶剂，锯片长时间不使用时，应清洗刃磨，打油作防锈处理后，放在原装的纸盒内再妥善放置。

（4）采用精密、稳定无振动的磨刃机，以及合适的金刚石砂轮。按照规定的操作程序来修磨合金头，将会延长锯片的使用寿命，请勿采用手工操作的刃磨设备。刃磨时注意严格按照BLOG样本中原规格型号的几何设计来修磨。所选金刚石砂轮请参照以下：

1）建议使用湿式修磨（乳浊液冷却剂）；

2）建议进给速度1～2mm/s；

3）必须采用D500目以上砂轮及全自动机器修磨，否则会对锯齿造成损伤；

4）在条件允许的情况下，建议前后角同时研磨。

（三）平面刨（手压刨）

1. 平面刨（手压刨）使用前的准备与检查

（1）作业前，检查安全防护装置必须齐全有效。操作人员应穿紧身衣裤，束紧长发，不得系领带和戴手套。

（2）木工机械设备电源的安装和拆除、机械电气故障的排除，应由专业电工进行，木工机械只准使用单向开关，不准使用倒顺双向开关。

（3）木工机械安全装置必须齐全有效，传动部位必须安装防护罩，各部件连接紧固。

（4）工作场所应备有齐全可靠的消防器材。严禁在工作场所吸烟和有其他明火，并不得存放易燃易爆物品。

（5）工作场所的待加工和已加工木料应堆放整齐，保证道路畅通。

（6）机械应保持清洁，工作台上不得放置杂物。

（7）机械的皮带轮、锯轮、刀轴、锯片、砂轮等高速转动部件应在安装时做平衡试验。

（8）加工前，应从木料中清除铁钉、铁丝等金属物，各种刀具破损程度应符合使用说明书的规定。

（9）装设有气动除尘装置的木工机械，作业前应先启动排尘风机，保持排尘管道不变形、不漏风。

2. 平面刨（手压刨）使用中的安全操作要点

（1）刨料时，手应按在料的上面，手指必须离开刨口50mm以上。严禁用手在木料后端送料跨越刨口进行刨削。

（2）刨料时应保持身体平衡，双手操作。刨大面时，手应按在木料上面；刨小面时，手指应不低于料高的一半，并不得小于3cm。

(3) 每次刨削量不得超过 1.5mm。进料速度应均匀，严禁在刨刀上方回料。

(4) 被刨木料的厚度小于 30mm，长度小于 400mm 时，必须用压板或推棍推进。厚度在 15mm，长度在 250mm 以下的木料，不得在平刨上加工。

(5) 被刨木料如有破裂或硬节等缺陷时，必须处理后再施刨。刨旧料前，必须将料上的钉子、杂物清除干净，遇木槎、节疤要缓慢送料。严禁将手按在节疤上送料。

(6) 同一台平刨机的刀片和刀片螺栓的厚度、重量必须一致，刀架与刀必须匹配，刀架夹板必须平整贴紧，合金刀片焊缝的高度不得超刀头，刀片紧固螺栓应嵌入刀片槽内，槽端离刀背不得小于 10mm。紧固螺栓时，用力应均匀一致，不得过松或过紧。

(7) 机械运转时，不得将手伸进安全挡板里侧去移动挡板或拆除安全挡板进行刨削。严禁戴手套操作。

(8) 两人操作时，进料速度应配合一致。当木料前端越过刀口 30cm 后，下手操作人员方可接料。木料刨至尾端时。上手操作人员应注意早松手，下手操作人员不得猛拉。

(9) 换刀片前必须拉闸断电并挂“有人操作，严禁合闸”的警告牌。

(10) 作业后，应切断电源，锁好闸箱，进行清理、润滑。

(11) 噪声排放应不超过 90dB，超过时应采取降噪措施或配戴防护用品。

3. 平面刨（手压刨）的维护和保养

(1) 在对机械做任何调整或保养时，请关掉开关，等待刀片完全停止并且从插座上拔掉其电源插头；

(2) 避免危险的环境：

1) 保持工作区域干净，使用此刨必须在一个干的室内环境，远离雨水，地板必须不是那种打蜡过或具有木屑的；

2) 保持工作环境灯光充足；

3) 不要站在此刨上，不要存放任何物品在此产品上或旁边。不要在易燃性液体、气体附近使用。

(3) 检查压刨，如果有任何零配件是变形、弯的或是破坏的话，或是有任何电子配件不工作的现象关掉电源，并且从插座上拔掉其电源插头替换所有坏的零件。

(4) 检查其刀片的旋转方向是否正确，刀轴的上面刀片应该是朝着进料板的。

(5) 使用正确的工具，不要强迫此刨去实现一些并非此机械的功能。

(四) 压刨床（单面和多面）

1. 压刨床（单面和多面）使用前的准备与检查

(1) 操作人员应穿紧身衣裤，束紧长发，不得系领带和戴手套。

(2) 木工机械设备电源的安装和拆除、机械电气故障的排除，应由专业电工进行，木工机械只准使用单向开关，不准使用倒顺双向开关。

(3) 木工机械安全装置必须齐全有效，传动部位必须安装防护罩，各部件连接紧固。

(4) 工作场所应备有齐全可靠的消防器材。严禁在工作场所吸烟和有其他明火，并不得存放易燃易爆物品。

(5) 工作场所的待加工和已加工木料应堆放整齐，保证道路畅通。

（6）机械应保持清洁，工作台上不得放置杂物。

（7）机械的皮带轮、锯轮、刀轴、锯片、砂轮等高速转动部件应在安装时做平衡试验。

（8）加工前，应从木料中清除铁钉、铁丝等金属物，各种刀具破损程度应符合使用说明书的规定。

（9）装设有气动除尘装置的木工机械，作业前应先启动排尘风机，保持排尘管道不变形、不漏风。

2. 压刨床（单面和多面）使用中安全操作要点

（1）压刨床必须用单向开关，不得安装倒顺开关，三、四面刨应按顺序开动。

（2）作业时，严禁一次刨削两块不同材质、规格的木料，被刨木料的厚度不得超过使用说明书的规定。

（3）操作者应站在进料的一侧，接、送料时不得戴手套，送料时必须先进大头，接料人员待被刨料离开料辊后方能接料。

（4）刨刀与刨床台面的水平间隙应在10～30mm之间，严禁使用带开口槽的刨刀。

（5）每次进刀量应为2～5mm，如遇硬木或节疤，应减小进刀量，降低送料速度。

（6）进料必须平直，发现木料走偏或卡住，应停机降低台面，调正木料。送料时手指必须与滚筒保持20cm以上距离。接料时，必须待料出台面后方可上手。

（7）木料厚度差2mm的不得同时进料。刨削吃刀量不得超过3mm。

（8）刨料长度不得短于前后压滚的中心距离，厚度小于10mm的薄板，必须垫托板。

（9）压刨必须装有回弹灵敏的逆止爪装置，进料齿辊及托料光辊应调整水平和上下距离一致，齿辊应低于工件表面1～2mm，光辊应高出台面0.3～0.8mm，工作台面不得歪斜和高低不平。

（10）刨削过程中，遇木料走横或卡住时，应先停机，再放低台面，取出木料，排除故障。

（11）作业后，应切断电源，锁好闸箱，进行清理、润滑。

（12）噪声排放应不超过90dB，超过时应采取降噪措施或配戴防护用品。

3. 压刨床（单面和多面）的维护和保养

（1）每日：

1）检查周围清洁、机身清洁；

2）检查机床运转时有无不正常的尖叫声和冲击声；

3）润滑垂直和横向导轨及进给机构、检查砂轮主轴油位，不足时添加主轴油、检查液压油箱油位，不足时添加液压油、清理冷却液箱、工作台油盘、床身、导轨下方回油槽。

（2）每半年：

1）清洁各电动机轴承，更换轴承润滑脂；

2）检查，调整主传动皮带张紧力。

（3）每年：

1）更换轴承及齿轮部位锂基润滑脂、更换砂轮主轴油；

2）清洗液压油过滤网、更换液压油箱32号液压油，清洁油箱。

（五）木工车床

1. 木工车床使用前的准备与检查

（1）操作人员应穿紧身衣裤，束紧长发，不得系领带和戴手套。

（2）木工机械设备电源的安装和拆除、机械电气故障的排除，应由专业电工进行，木工机械只准使用单向开关，不准使用倒顺双向开关。

（3）木工机械安全装置必须齐全有效，传动部位必须安装防护罩，各部件连接紧固。

（4）工作场所应备有齐全可靠的消防器材。严禁在工作场所吸烟和有其他明火，并不得存放易燃易爆物品。

（5）工作场所的待加工和已加工木料应堆放整齐，保证道路畅通。

（6）机械应保持清洁，工作台上不得放置杂物。

（7）机械的皮带轮、锯轮、刀轴、锯片、砂轮等高速转动部件应在安装时做平衡试验。

（8）加工前，应从木料中清除铁钉、铁丝等金属物，各种刀具破损程度应符合使用说明书的规定。

（9）装设有气动除尘装置的木工机械，作业前应先启动排尘风机，保持排尘管道不变形、不漏风。

2. 木工车床使用中的安全操作要点

（1）检查车床各部装置及工、卡具，灵活可靠，工件应卡紧并用顶针顶紧，用手转动试运转，确认情况良好后，方可开车，并根据工件木质的软硬，选择适当的进刀料量和调整转速。

（2）车削过程中，不得用手摸检查工件的光滑程度。用砂纸打磨时，应先将刀架移开后进行。车床转动时，不得用手来制动。

（3）方形木料，必须先加工成圆柱体后再上车床加工。有节疤或裂缝的木料，均不得上车床切削。

（4）作业后，应切断电源，锁好闸箱，进行清理、润滑。

（5）噪声排放应不超过 90dB，超过时应采取降噪措施或配戴防护用品。

3. 木工车床的维护和保养

（1）新车床使用 10d 需进行一次检查，以免磨合过程中螺栓出现松动，出现松动应及时拧紧，以后应定期检查。

（2）每工作 2h 应清理木粉一次。

（3）每工作 10～15d 应对主轴轴承注一次油，滑动导轨应特别注意按期加油。

（4）每工作 30d 应检查滚珠杠端部轴承润滑情况。

（5）新三角带工作 3 个月后应检查磨损情况，三角带过松时，应使用电动机固定板调节三角带的松紧度。

（6）车床的防尘罩既起防尘作用又起着保证安全作用，不得随便拆下。

（六）木工铣床（裁口机）

1. 木工铣床（裁口机）使用前的准备

（1）操作人员应穿紧身衣裤，束紧长发，不得系领带和戴手套。

（2）木工机械设备电源的安装和拆除、机械电气故障的排除，应由专业电工进行，木工机械只准使用单向开关，不准使用倒顺双向开关。

（3）木工机械安全装置必须齐全有效，传动部位必须安装防护罩，各部件连接紧固。

（4）工作场所应备有齐全可靠的消防器材。严禁在工作场所吸烟和有其他明火，并不得存放易燃易爆物品。

（5）工作场所的待加工和已加工木料应堆放整齐，保证道路畅通。

（6）机械应保持清洁，工作台上不得放置杂物。

（7）机械的皮带轮、锯轮、刀轴、锯片、砂轮等高速转动部件应在安装时做平衡试验。

（8）加工前，应从木料中清除铁钉、铁丝等金属物，各种刀具破损程度应符合使用说明书的规定。

（9）装设有气动除尘装置的木工机械，作业前应先启动排尘风机，保持排尘管道不变形、不漏风。

2. 木工铣床（裁口机）使用中的安全操作要点

（1）开车前应检查铣刀安装牢固，铣刀不得有裂纹或缺损，防护装置及定位止动装置齐全可靠。

（2）使用电动工具和操作机械时，不得戴手套。

（3）铣削时遇有硬节时应低速送料。木料送过刨口 150mm 后再进行接料。

（4）当木料将铣切到端头时，应将手移到木料已铣切的一端接料。送短料时，必须用推料棍。

（5）铣切量应按使用说明书规定执行。严禁在中间插刀。

（6）卧式铣床的操作人员，必须站在刀刃侧面，严禁迎刃而立。

（7）作业后，应切断电源，锁好闸箱，进行清理、润滑。

（8）注意噪声排放应不超过 90dB，超过时应采取降噪措施或配戴防护用品。

3. 木工铣床（裁口机）的维护和保养

（1）木工铣床例行保养：

1）床身及部件的清洁工作，清扫铁屑及周边环境卫生；

2）检查各油平面，不得低于油标以下，加注各部润滑油；

3）清洁工、夹、量具。

（2）木工铣床一级保养：

1）清洗调整工作台、丝杠手柄及注上镶条；

2）检查、调整离合器；

3）清洗三向导轨及油毛毡，电动机、机床内外部及附件清洁；

4）检查油路，加注各部润滑油；

5）紧固各部螺栓。

（3）木工铣床二级保养：

1）主轴箱、工作台、变速箱清洗、换油；

2）检查清洗油泵和油管，检查并调整工作台、斜铁及丝杆螺母间隙；

3）清洗离合器片，清洗冷却箱并更换冷却液，清洁电动机及电器。

（4）木工铣床清洁、润滑、扭紧、防腐四个保养项目具体内容。

1）清洁：

① 拆卸清洗各部油毛毡垫；

② 擦拭各滑动面和导轨面、擦拭工作台及横向、升降丝杆，擦拭走刀传动机构及刀架；

③ 擦拭各部死角。

2）润滑：

① 各油孔清洁畅通并加注润滑油；

② 各导轨面和滑动面及各丝杆加注润滑油；

③ 检查传动机构油箱体、油面、并加油至标高位置。

3）扭紧：

① 检查并紧固压板及镶条螺栓；

② 检查并扭紧滑块固定螺栓、走刀传动机构、手轮、工作台支架螺栓、叉顶丝；

③ 检查扭紧其他部位松动螺栓。

4）防腐：

① 除去各部锈蚀，保护喷漆面，勿碰撞；

② 停用、备用设备导轨面、滑动丝杆手轮及其他暴露在外易生锈的部位涂油防腐。

（七）开榫机

1. 开榫机使用前的准备与检查

（1）操作人员应穿紧身衣裤，束紧长发，不得系领带和戴手套。

（2）木工机械设备电源的安装和拆除、机械电气故障的排除，应由专业电工进行，木工机械只准使用单向开关，不准使用倒顺双向开关。

（3）木工机械安全装置必须齐全有效，传动部位必须安装防护罩，各部件连接紧固。

（4）工作场所应备有齐全可靠的消防器材。严禁在工作场所吸烟和有其他明火，并不得存放易燃易爆物品。

（5）工作场所的待加工和已加工木料应堆放整齐，保证道路畅通。

（6）机械应保持清洁，工作台上不得放置杂物。

（7）机械的皮带轮、锯轮、刀轴、锯片、砂轮等高速转动部件应在安装时做平衡试验。

（8）加工前，应从木料中清除铁钉、铁丝等金属物，各种刀具破损程度应符合使用说明书的规定。

（9）装设有气动除尘装置的木工机械，作业前应先启动排尘风机，保持排尘管道不变形、不漏风。

（10）作业前，要紧固好刨刀、锯片，并试运转3～5min。确认正常后，方可作业。

2. 开榫机使用中的安全操作要点

（1）作业时，应侧身操作，严禁面对刀具。

（2）被加工的木料，必须用压料杆压紧，待切削完毕后，方可松开，短料加工，必须用垫板夹牢，不得用手直接握料。

（3）遇有节疤的木料不得上机加工。

（4）噪声排放应不超过90dB，超过时应采取降噪措施或配戴防护用品。

（5）作业后，应切断电源，锁好闸箱，进行清理、润滑。

3. 开榫机的维护和保养

（1）配备专职或兼职的电器保养维修人员，机械出现故障，也要由有经验的专职维修员进行检查维修不能随便乱拆乱装。定期对机械进行保养维修。

（2）机械应保持清洁，各部连接紧固，做好润滑工作。使用油润滑地方，应班前注油，使用润滑蜡润滑的地方，要定期检查和补充，更换新的润滑蜡。

（3）机械的皮带轮、锯轮、刀轴、锯片、砂轮等高速转动部件应在安装时做平衡试验。各种刀具不得有裂纹破损、装设有气动除尘装置的木工机械，应注意检查排尘风机运行情况，经常保持排尘管道不变形、不漏风、不堵塞。定期清理积存（木屑）室。

（4）加工前应检查并取出木料内钉子、泥沙等伤刃杂物。

（5）应经常检查机器上外露的齿轮、皮带、电力线路的安全罩和其他安全装置。

（6）机械在使用中，不得超过指定的负荷。

（7）在拆装刀具和维修时，要使用正确的拆装方法和工具。不允许击打机器，这样会损伤机器，严重的造成不能修复。

（8）经常检查机器的易损零部件，如发现磨损超过允许值，要立即修复和更换，杜绝危害扩大，更不能让机器带病工作而成为事故的隐患。

（9）开榫机需注意的保养细节：

1）所有钮栓清洁后都要打油；

2）用风枪将机台木屑、灰尘全部清理干净；

3）检查时一定要用配套的工具来加固；

4）保养材料一般为黄油、机油、柴油。

（八）打眼机

1. 打眼机使用前的准备与检查

（1）操作人员应穿紧身衣裤，束紧长发，不得系领带和戴手套。

（2）木工机械设备电源的安装和拆除、机械电气故障的排除，应由专业电工进行，木工机械只准使用单向开关，不准使用倒顺双向开关。

（3）木工机械安全装置必须齐全有效，传动部位必须安装防护罩，各部件连接紧固。

（4）工作场所应备有齐全可靠的消防器材。严禁在工作场所吸烟和有其他明火，并不得存放易燃易爆物品。

（5）工作场所的待加工和已加工木料应堆放整齐，保证道路畅通。

（6）机械应保持清洁，工作台上不得放置杂物。

（7）机械的皮带轮、锯轮、刀轴、锯片、砂轮等高速转动部件应在安装时做平衡试验。

（8）加工前，应从木料中清除铁钉、铁丝等金属物，各种刀具破损程度应符合使用说明书的规定。

（9）装设有气动除尘装置的木工机械，作业前应先启动排尘风机，保持排尘管道不变形、不漏风。

2. 打眼机使用中的安全操作要点

（1）作业前，要调整好机架和卡具，台面应平稳，钻头应垂直，凿心要在凿套中心卡牢，并与加工的钻孔垂直。

（2）打眼时，必须使用夹料器，不得用手直接扶料，遇节疤时必须缓慢压下，不得用力过猛，严禁戴手套操作。

（3）作业中，当凿心卡阻或冒烟时，应立即抬起手柄，不得用手直接清理钻出的木屑。

（4）更换凿心时，应先停车切断电源，并须在平台上垫上木板后方可进行。

（5）作业后，应切断电源，锁好闸箱，进行清理、润滑。

（6）噪声排放应不超过 90dB，超过时应采取降噪措施或配戴防护用品。

3. 打眼机的维护和保养

（1）木工打眼机如果是新购置的，一定要勤检查。具体检查时间安排如下。

第一次检查：新机开始使用或更换新品后 4h；

第二次检查：间隔前次检查后 1d；

第三次检查：间隔前次检查后 3d；

第四次检查：间隔前次检查后 5d；

第五次检查：间隔前次检查后 7d；

之后的检查：每隔一周。

（2）注意事项：若同一皮带轮上的其中一条断裂需更换时，务必同时更换挂在同一皮带轮上的其他皮带。即使是木工打眼机也是一个价格不菲的机器，无论对于个人还是公司来说，这都不是一个小件物品，因此平时的维护和保养一定要做好。

（3）具体的保养维护程序。

1）日常保养（操作者）：

① 对机台、集尘槽清理，保持吸尘顺畅，每天一次；

② 检查凿心使用状况，每天上下班开机前至少一次。

2）二级保养（机电维修人员）：

① 对各磨损、变形的部件进行维修，更换；

② 对各部件的松紧进行检测；

③ 对电动机进行对地检测。

（九）锉锯机

1. 锉锯机使用前的准备与检查

（1）操作人员必须身体健康，并经过专业培训合格，在取得有关部门颁发的操作证或特殊工种操作证后，方可独立操作。学员必须在师傅的指导下进行操作。

（2）使用前，应先检查砂轮有无裂缝和破损，砂轮必须安装牢固。

2. 锉锯机使用中的安全操作要点

（1）机械作业时，操作人员不得擅自离开工作岗位或将机械交给非本机操作人员操作。严禁无关人员进入作业区和操作室内。工作时，思想要集中，严禁酒后操作。

（2）操作人员和配合作业人员，都必须按规定穿戴劳动保护用品，长发不得外露。不得穿硬底鞋和拖鞋。

（3）安装时，检查砂轮应无裂缝和破裂，夹盘平面应垫有1～1.5mm厚的纸垫圈，压紧螺母的紧度以不压破纸垫为宜。

（4）应先空运转，如有剧烈振动，找出偏重位置，调整平衡，方可使用。

（5）作业时，操作人员不得站立在砂轮旋转的离心力方向上。

（6）当撑齿钩遇到缺齿或撑钩妨碍锯条运动时，应及时处理。

（7）每分钟锉磨锯齿，带锯应控制在40～70齿之间，圆锯应控制在26～30齿之间。

（8）锉锯往下放砂轮时，人不准对着砂轮，应找好距离轻放锉锯，要戴防护镜，砂轮应有防护罩，操作时应站在砂轮侧面。

（9）接锯条，必须接合严密，平滑均匀，厚薄一致。如不合格，应立即重接，严防锯条上锯运转时发生断裂。

（10）作业后，应切断电源，锁好闸箱，进行清理、润滑。

3. 锉锯机的维护和保养

（1）机械使用完后要清理粉尘，吸尘效果好可以兼带冷却机械的作用，各个机械加注黄油、机油、齿轮油等对应加油，合理使用机械，不要超出负荷范围，使用配套工具，不要损坏部件。

（2）锯条掉牙不得超过三个，接头部分不得掉牙。

（3）已坏的锯条，锯片应堆放在一定的地方，不许随便乱放。

（4）机械若长期不用，应定期（每周）加油空走，以保证传动系统的灵活性。

（十）磨光机

1. 磨光机使用前的准备与检查

（1）操作人员在作业前应带保护眼罩，长头发职工一定要先把头发扎起。

（2）设备本身必须采取保护性接地或接零，电气线路绝缘良好，控制按钮灵活可靠。

（3）作业现场清洁、干燥、无油污、无杂物，照明充足，通风良好。

（4）应先检查：盘式磨光机防护装置齐全有效，砂轮无裂纹破损；带式磨光机应调整砂筒上砂带的张紧程度；并润滑各轴承和紧固连接件，确认正常后，方可启动。

（5）操作前应对磨光机的磨光片、安全装置、紧固螺栓等进行仔细检查，确认安全后方能进行操作。

（6）检查磨光转向是否正确，新接或重接电源时，应确保转向正确。

（7）盘式磨光机防护装置齐全有效，砂轮无裂纹破损；带式磨光机应调整砂筒上砂带的张紧程度；并润滑各轴承和紧固连接件，确认正常后，方可启动。

2. 磨光机使用中的安全操作要点

（1）按下启动按钮，要等待磨光机砂轮转动稳定后，方可进行磨削加工。

（2）作业时通风良好，照明足够，切割方向不能向着人，应站在磨光机的侧面操作。

（3）磨削用力要均匀。正确佩戴护目镜，以防磨削伤眼。

（4）磨削小面积工件时应尽量在台面整个宽度内排满工件，磨削时应渐次连续进给。

（5）用砂带磨光机磨光时，对压垫的压力要均匀，砂带纵向移动时应和工作台横向移动互相配合。

（6）操作结束后关闭设备电源，清扫工作台及周围环境卫生。

3. 磨光机的维护和保养

（1）维护：

1）清洗、检查传动件磨损情况；

2）检查、调整、紧固各部位连接螺栓；

3）各传动部位加油润滑；

4）修理、更换磨损传动件；

5）检查修理附属设备附件；

6）电动机轴芯检查、更换磨损件；

7）检查、修理和更换各部在中修时不能更换的机件；

8）电动机全面检查修理；

9）各部去污、除锈、刷漆。

（2）保养：

1）必须对各润滑点进行加油润滑，确保润滑良好；

2）定期检查磨光片，如磨损严重、有裂纹、破损等缺陷，严禁使用，及时更换；

3）磨光片紧固螺帽应定期检查、紧固，其紧固旋向应与磨光旋向相反；

4）安全防护装置必须齐全，不得任意拆除；

5）每项工作完毕后，必须将工作台面打扫干净，随时保持设备周围环境清洁卫生；

6）日常定期对各润滑点及转动部位进行加油润滑。

九、地下施工机械

（一）顶管机

1. 顶管机使用前的准备与检查

（1）作业前，应对作业环境进行有害气体测试及通风设备检测，以满足国家工业卫生标准要求。

（2）作业前应充分了解施工作业周边环境，对邻近建（构）筑物、地下管网等进行监测，应制定建筑物、地下管线安全的保护技术措施。

（3）顶管设备的选择应根据管道所处土层性质、管径、地下水位、附近地上与地下建筑物、构筑物和各种设施等因素，经技术经济比较后确定。

（4）导轨应选用钢质材料制作，安装后的导轨应牢固，不得在使用中产生位移，并应经常检查校核。

（5）千斤顶的安装应固定在支架上，并与管道中心的垂线对称，其合力的作用点应在管道中心的垂直线上；当千斤顶多于一台时，宜取偶数，且其规格宜相同；当规格不同时，其行程应同步，并应将同规格的千斤顶对称布置。

（6）千斤顶的油路应并联，每台千斤顶应有进油、退油的控制系统。

（7）油泵安装应与千斤顶相匹配，并应有备用油泵；油泵安装完毕，应进行试运转，合格后方可使用。

（8）顶进前全部设备应经过检查并经过试运转合格。

2. 顶管机使用中的安全操作要点

（1）顶进时，工作人员不得在顶铁上方及侧面停留，并应随时观察顶铁有无异常迹象。

（2）顶进开始时，应缓慢进行，待各接触部位密合后，再按正常顶进速度顶进。

（3）顶进中若发现油压突然增高，应立即停止顶进，检查原因并经处理后方可继续顶进；千斤顶活塞退回时，油压不得过大，速度不得过快。

（4）顶铁安装后轴线应与管道轴线平行、对称，顶铁与导轨和顶铁之间的接触面不得有泥土、油污；顶铁与管口之间应采用缓冲材料衬垫。

（5）管道顶进应连续作业。管道顶进过程中，遇下列情况时，应暂停顶进，并应及时处理：

1）工具管前方遇到障碍；

2）后背墙变形严重；

3）顶铁发生扭曲现象；

4）管位偏差过大且校正无效；

5）顶力超过管端的允许顶力；

6）油泵、油路发生异常现象；

7）接缝中漏泥浆。

（6）中继间应注意：

1）中继间安装时应将凹头安装在工具管方向，凸头安装在工作井一端，避免在顶进过程中会导致泥砂进入中继间，损坏密封橡胶，止水失效，严重的会引起中继间变形损坏；

2）中继间有专职人员进行操作，同时随时观察有可能发生的问题；

3）中继间使用时，油压、顶力不宜超过设计油压顶力，避免引起中继间变形；

4）中继间安装行程限位装置，单次推进距离必须控制在设计允许距离内，否则会导致中继间密封橡胶拉出，止水系统损坏，止水失效；

5）穿越中继间的高压进水管、排泥管等软管应与中继间保持一定距离，避免中继间往返时损坏管线。

3. 顶管机的维护和保养

（1）施工完毕后把机器清理干净，要查看机器各个零件的磨损状况，严重的要及时更换。还要检查顶管机的各个螺栓有没有松动，以及润滑油的消耗程度，及时添加，对于活塞杆、油缸要避免磕碰。

（2）使用后必须按照使用说明的要求和施工计划，由专业人员对顶管机和配套设备进行保养与维修，在顶管机长期停止掘进期间，仍应定期进行维护保养。

（3）完成管道施工后，应把延伸轨道铺设好，用主顶液压缸把旋转挖掘系统推出作业面到基坑处停放好。

（4）拆卸时一定要按电气拆装规范进行。完成拆卸工作后，应将旋转挖掘系统整体吊出基坑，拉运到检修地点。

（5）拆卸时要注意更换磨损严重的超标的切削刀头；每次拆装旋转挖掘系统时，都要检查、保养。修理切削刀盘的土砂密封件，并做好各部轴承的润滑工作。在对旋转挖掘系统完成大修或技术改造后，要对切削刀盘扭矩进行检测。

（二）盾构机

1. 盾构机使用前的准备与检查

（1）作业前，应对作业环境进行有害气体测试及通风设备检测，以满足国家工业卫生标准要求。

（2）作业前应充分了解施工作业周边环境，对邻近建（构）筑物、地下管网等进行监测，应制定建筑物、地下管线安全的保护技术措施。

（3）盾构机组装之前应对推进千斤顶、拼装机、调节千斤顶试验验收。

（4）盾构机组装之前应将防止盾构机后退的推进系统平衡阀、调节拼装机的回转平衡阀的二次溢流压力调到设计压力值。

（5）盾构机组装之前应对液压系统各非标制品的阀组按设计要求进行密闭性试验。

2. 盾构机使用中的安全操作要点

(1) 盾构机组装完成后，必须先对各部件、各系统进行空载、负载调试及验收，最后进行整机空载和负载调试及验收。

(2) 盾构机始发、接收时必须做好盾构机的基座稳定牢固措施。

(3) 双圆盾构掘进时，双圆盾构两刀盘必须相向旋转，并保持转速一致，避免接触和碰撞。

(4) 实施盾构纠偏不得损坏已安装的管片，并保证新一环管片的顺利拼装。

(5) 盾构切口离到达接收井距离小于10m时，必须控制盾构推进速度、开挖面压力、排土量，以减小洞口地表变形。

(6) 盾构推进到冻结区域停止推进时，应每隔10min转动刀盘一次，每次转动时间不少于5min，防止刀盘被冻住。

(7) 当盾构全部进入接收井内基座上后，应及时做好管片与洞圈间的密封。

(8) 盾构调头时必须有专人指挥，专人观察设备转向状态，避免方向偏离或设备碰撞。

(9) 管片拼装操作应注意下列事项：

1) 管片拼装必须落实专人负责指挥，拼装机操作人员必须按照指挥人员的指令操作，严禁擅自转动拼装机；

2) 举重臂旋转时，必须鸣号警示，严禁施工人员进入举重臂活动半径内，拼装工在全部定位后，方可作业。在施工人员未能撤离施工区域时，严禁启动拼装机；

3) 拼装管片时，拼装工必须站在安全可靠的位置，严禁将手脚放在环缝和千斤顶的顶部，以防受到意外伤害；

4) 举重臂必须在管片固定就位后，方可复位，封顶拼装就位未完毕时，人员严禁进入封顶块的下方；

5) 举重臂拼装头必须拧紧到位，不得松动，发现磨损情况，应及时更换，不得冒险吊运；

6) 管片在旋转上升之前，必须用举重臂小脚将管片固定，以防止管片在旋转过程中晃动；

7) 拼装头与管片预埋孔不能紧固连接时，必须制作专用的拼装架，拼装架设计必须经技术部门认可，经过试验合格后方可使用；

8) 拼装管片必须使用专用的拼装销子，拼装销必须有限位；

9) 装机回转时严禁接近；

10) 管片吊起或升降架旋回到上方时，放置时间不应超过3min。

(10) 盾构机进场安装需按规定的吊装步骤进行吊装。

(11) 盾构机拆除退场需注意下列事项：

1) 机械结构部分应先按液压、泥水、注浆、电气系统顺序拆卸，最后拆卸机械结构件；

2) 吊装作业时，须仔细检查并确认盾构机各连接部位与盾构机已彻底拆开分离，千斤顶全部缩回到位，所有注浆、泥水系统的手动阀门关闭；

3) 大刀盘按要求位置停放，在井下分解后吊装上地面；

4）拼装机按要求位置停，举重钳缩到底；提升横梁应烧焊固定马脚，同时在拼装机横梁底部加焊接支撑，防止下坠。

（12）盾构机转场过程中必须按要求做好盾构机各部件的维修与保养、更换与改造。

（13）盾构机转场运输应注意下列事项：

1）根据设备的最大尺寸为依据对运输线路进行实地勘察；

2）设备应与运输车辆有可靠固定措施；

3）设备超宽、超高时应按交通法规办理各类通行证。

3. 盾构机的维护和保养

（1）盾构机的维护保养工作遵守十字作业方针，即“清洁、润滑、紧固、调整、防腐。”在维修保养时，必须与操作司机取得联系，切断一切有可能触及安全事故发生的电源，并且有专人看护，确保维修保养过程的安全。

（2）严禁盾构机上私拉乱接电动工具。需要时必须使用指定地点的开关电源，严禁私自改动盾构机所属设备的结构及控制方式。

（3）机器要保持清洁，但电动机、操纵盘、控制器、电气机器内不要用水洗或蒸汽清洗。将油类的盖子或栓塞拧紧、油类勿靠近易燃物。

（4）盾构机管理和维护保养采用日常保养、每周保养和强制保养相结合的方式。除了在盾构机工作中进行“日检”和“周检”保养外，每两周停机 8～12h 进行强制性集中维修保养。在强制保养日，由机电工程师组织专业技术人员对其进行全面的保养和维护。

（5）盾构机机械部分的维护保养：保养可分为例行保养和定期保养。例行保养在机械每班作业前后及运转中进行。定期保养，除一级保养由操作人员进行外，二、三级保养以保修人员为主，操作人员配合共同进行，包括以下几种情况：

1）一级保养：主要在于维护机械完好的技术状况，确保正常运转；

2）二级保养：以检查调整为中心，从外部检查设备的工作情况，进行调整排除故障；

3）三级保养：对主要部位进行解体检查或用仪器检测，及时消除隐患。

（6）各关键部位（如主轴承紧固螺栓、刀盘紧固螺栓、盾体连接螺栓等）紧固螺栓紧固状态良好。

（7）刀盘是盾构上的主要部件，因此还需检查刀盘（刀具）是否损坏。检查点包括格栅、搅拌棒、刀盘开口、耐磨装置，并做好相对应的记录。

（8）不要弯折或用硬物击打高压软管，不要触摸溢流阀、减压阀等可以改变压力及机器的设置。

十、焊接机械

（一）交流焊机

1. 交流焊机使用前的准备与检查

（1）焊接操作及配合人员必须按规定穿戴劳动防护用品，并必须采取防止触电、高空坠落、中毒和火灾等事故的安全措施。

（2）焊接前必须先进行动火审查，配备灭火器材和监护人员，后开动火证。

（3）焊接设备应有完整的防护外壳，一、二次接线柱处应有保护罩。

（4）现场使用的电焊机，应设有防雨、防潮、防晒、防砸的机棚，并应装设相应的消防器材。

（5）焊割现场 10m 范围内及高空作业下方，不得堆放油类、木材、氧气瓶、乙炔发生器等易燃、易爆物品。

2. 交流焊机使用中的安全操作要点

（1）启用长期停用的焊机时，应空载通电一定时间进行干燥处理。

（2）搬运由高导磁材料制成的磁放大铁芯时，应防止强烈振击引起磁能恶化。

（3）电焊机绝缘电阻不得小于 0.5MΩ，电焊机导线绝缘电阻不得小于 1MΩ，电焊机接地电阻不得大于 4Ω。

（4）电焊机导线和接地线不得搭在易燃、易爆及带有热源的和有油的物品上；不得利用建筑物的金属结构、管道、轨道或其他金属物体搭接起来形成焊接回路，并不得将电焊机和工件双重接地；严禁使用氧气、天然气等易燃易爆气体管道作为接地装置。

（5）电焊机械的二次线应采用防水橡皮护套铜芯软电缆，电缆长度不应大于 30m，二次线接头不得超过 3 个，二次线应双线到位，不得采用金属构件或结构钢筋代替二次线的地线。当需要加长导线时，应相应增加导线的截面。当导线通过道路时，必须架高或穿入防护管内埋设在地下；当通过轨道时，必须从轨道下面通过。当导线绝缘受损或断股时，应立即更换。

（6）电焊钳应有良好的绝缘和隔热能力。电焊钳握柄必须绝缘良好，握柄与导线连结应牢靠，接触良好，连结处应采用绝缘布包好并不得外露。操作人员不得用胳膊夹持电焊钳，也不得在水中冷却电焊钳。

（7）对压力容器和装有剧毒、易燃、易爆物品的容器及带电结构严禁进行焊接和切割。

（8）当需施焊受压容器、密封容器、油桶、管道、沾有可燃气体和溶液的工件时，应先清除容器及管道内压力，消除可燃气体和溶液，然后冲洗有毒、有害、易燃物质；对存有残余油脂的容器，应先用蒸汽、碱水冲洗，并打开盖口，确认容器清洗干净后，再灌满清水方可进行焊接。在容器内焊接应采取防止触电、中毒和窒息的措施。焊、割密封容器应留出气孔，必要时在进、出气口处装设通风设备；容器内照明电压不得超过12V，焊工与焊件间应绝缘；容器外应设专人监护。严禁在已喷涂过油漆和塑料的容器内焊接。

(9) 焊接铜、铝、锌、锡等有色金属时，应通风良好，焊接人员应戴防毒面罩、呼吸滤清器或采取其他防毒措施。

(10) 当预热焊件温度达150～700℃时，应设挡板隔离焊件发出的辐射热，焊接人员应穿戴隔热的石棉服装和鞋、帽等。

(11) 高空焊接或切割时，必须系好安全带，焊接周围和下方应采取防火措施，并应有专人监护。

(12) 雨天不得在露天电焊。在潮湿地带作业时，操作人员应站在铺有绝缘物品的地方，并应穿绝缘鞋。

(13) 应按电焊机额定焊接电流和暂载率操作，严禁过载。在运行中，应经常检查电焊机的温升，当喷漆电焊机金属外壳温升超过35℃时，必须停止运转并采取降温措施。

(14) 当清除焊缝焊渣时，应戴防护眼镜，头部应避开敲击焊渣飞溅方向。

3. 交流焊机的维护和保养

(1) 日常保养：每班进行一次，班前班后各10～20min。焊机操作者班前：清扫焊机内外灰尘和油污；紧固地线的拉线螺栓以及中间接头保护地线，合闸后变压器无异常音响。班后：清扫现场；把地线放置整齐，保持焊机清洁；检查电流调节机构及活动铁芯压紧机构，使其灵活可靠。

(2) 一级保养：焊机运行600h进行一次。电器部分由电工配合，其余均由设备操作者负责进行。

1) 检查焊接变压器，一、二次线圈的接线螺栓是否牢固；

2) 检查电流调节机构及活动铁芯的压紧机构，使其灵活可靠；

3) 清扫变压器线圈及机件等处尘土。

(3) 二级保养：焊机运行3000h进行一次。除完成一级保养内容外，尚需进行：

1) 润滑电流调节机构及活动铁芯的压紧机构，更换必要的磨损件；

2) 摇测各部绝缘并更换损坏脱落的绝缘垫。

3) 更换损坏的紧固螺栓护垫等。

(二) 氩弧焊机

1. 氩弧焊机使用前的准备与检查

(1) 应检查并确认电源、电压符合要求，接地装置安全可靠。

(2) 应检查并确认气管、水管不受外压和无外漏。

(3) 应根据材质的性能、尺寸、形状先确定极性，再确定电压、电流和氩气的流量。

(4) 安装的氩气减压阀、管接头不得沾有油脂。安装后，应进行试验并确认无障碍和漏气。

(5) 冷却水应保持清洁，水冷型焊机在焊接过程中，冷却水的流量应正常，不得断水施焊。

2. 氩弧焊机使用中的安全操作要点

（1）高频引弧的焊机，其高频防护装置应良好，亦可通过降低频率进行防护；不得发生短路，振荡器电源线路中的连锁开关严禁分接。

（2）使用氩弧焊时，操作者应戴防毒面罩，钍钨棒的打磨应设有抽风装置，贮存时宜放在铅盒内。钨极粗细应根据焊接厚度确定，更换钨极时，必须切断电源。磨削钨极端头时，操作人员必须戴手套和口罩，磨削下来的粉尘，应及时清除，钍、铈、钨极不得随身携带。

（3）焊机作业附近不宜设置有振动的其他机械设备，不得放置易燃、易爆物品。工作场所应有良好的通风措施。

（4）氮气瓶和氩气瓶与焊接地点不应靠得太近，并应直立固定放置，不得倒放。

（5）焊接操作及配合人员必须按规定穿戴劳动防护用品，并必须采取防止触电、高空坠落、中毒和火灾等事故的安全措施。

（6）现场使用的电焊机，应设有防雨、防潮、防晒、防砸的机棚，并应装设相应的消防器材。

（7）高空焊接或切割时，必须系好安全带，焊接周围和下方应采取防火措施，并应有专人监护。

（8）当需施焊受压容器、密封容器、油桶、管道、沾有可燃气体和溶液的工件时，应先清除容器及管道内压力，消除可燃气体和溶液，然后冲洗有毒、有害、易燃物质；对存有残余油脂的容器，应先用蒸汽、碱水冲洗，并打开盖口，确认容器清洗干净后，再灌满清水方可进行焊接。在容器内焊接应采取防止触电、中毒和窒息的措施。焊、割密封容器应留出气孔，必要时在进、出气口处装设通风设备；容器内照明电压不得超过12V，焊工与焊件间应绝缘；容器外应设专人监护。严禁在已喷涂过油漆和塑料的容器内焊接。

（9）对承压状态的压力容器及管道、带电设备、承载结构的受力部位和装有易燃、易爆物品的容器严禁进行焊接和切割。

（10）焊接铜、铝、锌、锡等非铁（有色）金属时，应通风良好焊接人员应戴防毒面具、呼吸滤清器或采取其他防毒措施。

（11）当消除焊缝焊渣时，应戴防护眼镜，头部应避开敲击焊渣飞溅方向。

（12）雨天不得在露天电焊。在潮湿地带作业，操作人员应站在铺有绝缘物品的地方，并应穿绝缘鞋。

（13）作业后，应切断电源，关闭水源和气源。焊接人员必须及时脱去工作服、清洗手脸和外露的皮肤。

3. 氩弧焊机的维护和保养

（1）日常保养：

1）开关类是否有确实的动作；

2）当焊机通电时，冷却风扇的旋转是否平顺；

3）是否有异常的振动、声音和气味发生，气体是否有漏泄；

4）电焊线的接头及绝缘之包扎是否有松懈或剥落；

5）焊接之电缆线及各接线部位是否有异常的发热现象。

（2）每3～6个月的保养事项：

1）积尘的清除。利用清洁干燥的压缩空气将焊机内部的积尘吹拭清除。尤其是变压器、电抗线圈及线圈卷间的空隙缝和功率半导体等部位要特别清拭干净。注意：请于总电源关闭后 5min 方可打开外盖；

2）电力配线的接线部位检查；

3）接地线。焊机外壳之接地需要检查是否接地。

（3）年度的保养和检查

1）以上所述之各项保养和检查如果能确实的执行，可使焊机避免许多不必要的消耗及损害，而促使焊接作业能够很顺利的进行；

2）焊机长期使用难免会使外壳因碰接而变形，生锈而受损伤，内部零件也会消磨，因此在年度的保养和检查时要实施不良品零件的更换和外壳修补及绝缘劣化部位的补强等综合修补工作。不良品零件的更换在做保养时最好能够全部一次更换新品以确保焊机之性能。

（三）点焊机

1. 点焊机使用前的准备与检查

（1）作业前，应清除上、下两电极的油污。

（2）启动前，应先接通控制线路的转向开关和焊接电流的小开关，调整好极数，再接通水源、气源，最后接通电源。

（3）焊机通电后，应检查电气设备、操作机构、冷却系统、气路系统及机体外壳有无漏电现象。电极触头应保持光洁。有漏电时，应立即更换。

2. 点焊机使用中的安全操作要点

（1）作业时，气路、水冷系统应畅通。气体应保持干燥。排水温度不得超过 40℃，排水量可根据气温调节。

（2）严禁在引燃电路中加大熔断器。当负载过小使引燃管内电弧不能发生时，不得闭合控制箱的引燃电路。

（3）当控制箱长期停用时，每月应通电加热 30min。更换闸流管时应预热 30min。正常工作的控制箱的预热时间不得小于 5min。

（4）焊接操作及配合人员必须按规定穿戴劳动防护用品，并必须采取防止触电、高空坠落、中毒和火灾等事故的安全措施。

（5）现场使用的电焊机，应设有防雨、防潮、防晒、防砸的机棚，并应装设相应的消防器材。

（6）高空焊接或切割时，必须系好安全带，焊接周围和下方应采取防火措施，并应有专人监护。

（7）当消除焊缝焊渣时，应戴防护眼镜，头部应避开敲击焊渣飞溅方向。

（8）雨天不得在露天电焊。在潮湿地带作业，操作人员应站在铺有绝缘物品的地方，并应穿绝缘鞋。

3. 点焊机的维护和保养

（1）每日检查内容：

1）设备整体清洁，润滑正常；
2）冷却水畅通；
3）调节电压级数闸阀无发热现象；
4）压力弹簧和电极臂润滑部位无油污；
5）设备上和周围有无杂物；
6）设备运行中有无异常响声；
7）脚踏开关触点接触良好；
8）电极头、电极杆和电极臂之间接触良好。
（2）定期检查内容：
1）设备电路良好接地；
2）检查各润滑部位的使用情况；
3）对各润滑部位进行加油；
4）对调整电压级数闸表面进行清洁；
5）设备机身有无开裂；
6）是否有损坏或缺少的部件；
7）设备运行中有无异常响声；
8）紧固部位螺钉及螺帽无松动；
9）检查电极头、电极杆和电极臂之间是否有氧化物。

（四）二氧化碳气体保护焊机

1. 二氧化碳气体保护焊机使用前的检查

作业前，应检查并确认焊丝的进给机构、电线的连接部分、二氧化碳气体的供应系统及冷却水循环系统合乎要求，焊枪冷却水系统不得漏水。

2. 二氧化碳气体保护焊机使用中的安全操作要点

（1）作业前，二氧化碳气体应先预热15min。开气时，操作人员必须站在瓶嘴的侧面。

（2）二氧化碳气体瓶宜放在阴凉处，其最高温度不得超过40℃，并应放置牢靠，不得靠近热源。

（3）二氧化碳气体预热器端的电压，不得大于36V，作业后，应切断电源。

（4）焊接操作及配合人员必须按规定穿戴劳动防护用品，并必须采取防止触电、高空坠落、中毒和火灾等事故的安全措施。

（5）现场使用的电焊机，应设有防雨、防潮、防晒、防砸的机棚，并应装设相应的消防器材。

（6）高空焊接或切割时，必须系好安全带，焊接周围和下方应采取防火措施，并应有专人监护。

（7）当需施焊受压容器、密封容器、油桶、管道、沾有可燃气体和溶液的工件时，应先清除容器及管道内压力，消除可燃气体和溶液，然后冲洗有毒、有害、易燃物质；对存有残余油脂的容器，应先用蒸汽、碱水冲洗，并打开盖口，确认容器清洗干净后，再灌满清水方可进行焊接。在容器内焊接应采取防止触电、中毒和窒息的措施。焊、割密封容器应留出气孔，必要时在进、出气口处装设通风设备；容器内照明电压不得超过12V，焊工与焊件间应绝缘；容器外应设专人监护。严禁在已喷涂过油漆和塑料的容器内焊接。

（8）对承压状态的压力容器及管道、带电设备、承载结构的受力部位和装有易燃、易爆物品的容器严禁进行焊接和切割。

（9）焊接铜、铝、锌、锡等非铁（有色）金属时，应通风良好焊接人员应戴防毒面具、呼吸滤清器或采取其他防毒措施。

（10）当消除焊缝焊渣时，应戴防护眼镜，头部应避开敲击焊渣飞溅方向。

（11）雨天不得在露天电焊。在潮湿地带作业，操作人员应站在铺有绝缘物品的地方，并应穿绝缘鞋。

3. 二氧化碳气体保护焊机的维护和保养

（1）导电嘴：

1）长度与喷嘴长度相等或比喷嘴短2～3mm为宜；

2）内孔磨损较大时应更换，以保证电弧稳定；

3）必须拧紧（使用者需配相应工具）；

4）焊接时保证干伸长度，以保证焊接质量。

（2）喷嘴：

1）使用时一定要拧紧，以防止漏气和长度的变化；

2）及时清理飞溅物，但不能用敲击的方法；

3）保证与导电嘴的同心度，以避免乱流、涡流。

（3）气筛：

焊接时必须使用，破损时必须更换。保证出气均匀，防止喷嘴与导电嘴粘连，隔离以保护喷嘴接头。

（4）枪管：

1）安装时必须到位并用4mm内六角扳手牢固拧紧；

2）绝缘套管完好无损，若破损及时处理。

（5）送丝管：

1）长度符合要求，不宜过短；

2）要定期检查送丝阻力，及时清理、除尘，可用敲打法和揉搓法、拉丝法；

3）老化造成送丝不稳时，不能加油进行润滑，应及时更换。

（6）焊枪：

1）与送丝机的安装位置正确、并用6mm内六角扳手牢固拧紧；

2）气管接头用扳手轻轻拧紧；

3）焊接时弯曲半径不能小于300mm否则供气和送丝受影响；

4）严禁用焊枪拖拽送丝机。

（7）焊接电缆：

1）焊接回路中所有连接点牢固，不得虚接和松接；

2）保证电缆截面积与焊机最大电流匹配，不能用钢、铁条代替；

3）加长电缆线时不能盘绕，以防止产生电感。

（8）送丝机：

1）送丝轮槽径、焊接电源面板上丝径选择、手柄压力与焊丝直径对应；

2）焊接电流符合焊丝直径允许使用电流范围；

3）移动时避免冲击，以免造成机架变形、损坏，不要拉动焊枪移动；

4）除焊丝铝盘轴外，其他部位不能加油润滑。

（9）供气系统：

1）使用CO_2时流量计必须加热，刻度管与水平面垂直；

2）气体流量根据电流确定，一般在15～25L/min之间；

3）气瓶必须直立固定好、一定不要使气瓶摔倒，否则流量计一定会损坏；

4）供气管路任何部位不应有气体泄露现象，以节约气体。

（五）埋弧焊机

1. 埋弧焊机使用前的检查

（1）作业前，应检查并确认各部分导线连接良好，控制箱的外壳和接线板上的罩壳盖好。

（2）应检查并确认送丝滚轮的沟槽及齿纹完好，滚轮、导电嘴（块）磨损或接触不良时应更换。

（3）作业前，应检查减速箱油槽中的润滑油，不足时应添加。

（4）软管式送丝机构的软管槽孔应保持清洁，并定期吹洗。

2. 埋弧焊机使用中的安全操作要点

（1）作业时，应及时排走焊接中产生的有害气体，在通风不良的室内或容器内作业时，应安装通风设备。

（2）焊接操作及配合人员必须按规定穿戴劳动防护用品。并必须采取防止触电、高空坠入、瓦斯中毒和火灾等事故的安全措施。

（3）现场使用的电焊机，应设有防雨、防潮、防晒、防砸的机棚，并应装设相应的消防器材。

（4）高空焊接或切割时，必须系好安全带，焊接周围和下方应采取防火措施，并应有专人监护。

（5）当需施焊受压容器、密封容器、油桶、管道、沾有可燃气体和溶液的工件时，应先清除容器及管道内压力，消除可燃气体和溶液，然后冲洗有毒、有害、易燃物质；对存有残余油脂的容器，应先用蒸汽、碱水冲洗，并打开盖口，确认容器清洗干净后，再灌满清水方可进行焊接。

（6）在容器内焊接应采取防止触电、中毒和窒息的措施。焊、割密封容器应留出气孔，必要时在进、出气口处装设通风设备；容器内照明电压不得超过12V，焊工与焊件间应绝缘；容器外应设专人监护。严禁在已喷涂过油漆和塑料的容器内焊接。

（7）对承压状态的压力容器及管道、带电设备、承载结构的受力部位和装有易燃、易爆物品的容器严禁进行焊接和切割。

（8）焊接铜、铝、锌、锡等非铁（有色）金属时，应通风良好焊接人员应戴防毒面具、呼吸滤清器或采取其他防毒措施。

(9) 当消除焊缝焊渣时，应戴防护眼镜，头部应避开敲击焊渣飞溅方向。

(10) 雨天不得在露天电焊。在潮湿地带作业，操作人员应站在铺有绝缘物品的地方，并应穿绝缘鞋。

(11) 操作停止后，要将机械停放在待命位置，关机断电，锁好电闸箱，清理现场杂物焊渣。

3. 埋弧焊机的维护和保养

(1) 埋弧焊机是较复杂、较贵重的焊接设备，维护保养十分重要。

1) 设备应专人使用，操作人员应对设备基本原理有所了解，合理使用焊接工艺规范进行焊接，人员应进行培训和考核；

2) 埋弧焊设备应定期进行清洁处理和更换导电嘴和送丝轮等；

3) 电源的进出线和接地线必须连接良好；

4) 控制电缆在小车端头应加以固定，不要使它严重弯曲损坏，出现故障。

(2) 埋弧焊机的修理：设备出现故障，应从三方面检查，电源、控制电缆、小车。

1) 焊接电源检查：

① 打开电源开关，将转换开关放至手工焊位置，电源输出电压是否显示在规定值范围内，达不到规定的应更换控制线路板进行试验；

② 检查熔断丝是否良好，输入三相电压是否（380V±10%）正常，检查控制变压器各级电压是否在规定值内，如有问题，更换控制变压器；

③ 检查各继电器能否正常动作，出现问题更换器件；

④ 检查常温时温度继电器是否导通，冷却风扇运转是否正常，出现问题更换器件；

⑤ 晶闸管的检查，用万用表测量门极与阴极之间电阻，应在十几至几十欧姆电阻，否则门极短路或开路，阴与阳极间电阻应大于 1MΩ，小于时极间绝缘性能不良，电阻值为零表示击穿。

2) 控制电缆检查：

控制电缆长期处于运动状态，很容易折断，检查方法用万用表电阻挡接电缆两端来测量通断情况，有折断的可用备用线连接。

3) 小车故障的检查：

① 按下小车前进/后退按键，小车能否行走，调节速度旋钮，能否改变行走速度。按下送丝按钮，送丝轮能否正反转。如有问题，检查熔断丝，小型继电器有否损坏；

② 焊接——调整开关放在自动焊接位置检查在不装焊丝时，按下焊接按钮，空载时送丝轮有否慢速旋转，当电压降到 44～28V 送丝轮应快速旋转，当短路电压为零时，送丝轮应反转（抽丝），若不正常应更换控制线路板；

③ 送丝不稳定，检查送丝轮的轮齿是否损坏，损坏的更换，压紧装置是否调节得当。

（六）对焊机

1. 对焊机使用前的检查

(1) 对焊机应安置在室内，并应有可靠的接地或接零。当多台对焊机并列安装时，相互间距不得小于 3m，应分别接在不同相位的电网上，并应分别有各自的刀型开关。异线的截面不应小于表 10-1 的要求范围。

异线截面 表 10-1

对焊机的额定功率（kVA）	25	50	75	100	150	200	500
一次电压为 220V 时导线截面（mm^2）	10	25	35	45	—	—	—
一次电压为 380V 时导线截面（mm^2）	6	16	25	35	50	70	150

（2）焊接前，应检查并确认对焊机的压力机构灵活，夹具牢固，气压、液压系统无泄漏，一切正常后，方可施焊。

（3）焊接前，应根据所焊接钢筋截面，调整二次电压，不得焊接超过对焊机规定直径的钢筋。

2. 对焊机使用中的安全操作要点

（1）断路器的接触点、电极应定期磨光，二次电路全部连接螺栓应定期紧固。冷却水温度不得超过 40℃；排水量应根据温度调节。

（2）焊接较长钢筋时，应设置托架，配合搬运钢筋的操作人员，在焊接时应防止火花烫伤。

（3）闪光区应设挡板，与焊接无关的人员不得入内。

（4）焊接操作及配合人员必须按规定穿戴劳动防护用品。并必须采取防止触电、高空坠入、瓦斯中毒和火灾等事故的安全措施。

（5）现场使用的电焊机，应设有防雨、防潮、防晒、防砸的机棚，并应装设相应的消防器材。

（6）高空焊接或切割时，必须系好安全带，焊接周围和下方应采取防火措施，并应有专人监护。

（7）雨天不得在露天电焊。在潮湿地带作业，操作人员应站在铺有绝缘物品的地方，并应穿绝缘鞋。

（8）冬期施焊时，室内温度不应低于 8℃。

3. 对焊机使用后的保养

（1）作业后，应放尽机内冷却水。

（2）具体保养内容如下：

1）整机：机内清除飞溅物，擦拭外壳灰尘及传动机构润滑；

2）变压器：经常检查水龙头接头，防止漏水，使变压器受潮，检查绕组与软铜带连接螺钉松动情况，闪光对焊机要定期清理溅落在变压器上的飞溅物；

3）电压调节开关：开关接线螺钉防止松动；

4）电极（夹具）：焊件接触面应保持光洁，焊件接触面勿粘连铁迹；

5）水路系统：无冷却水不得使用焊机，保证水路通畅，出水口水温不得过高，冬季要防止水路结冰，以免水管冻裂；

6）接触器：主触点要防止烧损，绕组接线头防止断线，掉头和松动。

（七）竖向钢筋电渣压力焊机

1. 竖向钢筋电渣压力焊机使用前的检查

（1）应根据施焊钢筋直径选择具有足够输出电流的电焊机。电源电缆和控制电缆连接应正确、牢固。控制箱的外壳应牢靠接地。

（2）施焊前，应检查供电电压并确认正常，当一次电压降大于 8%时，不宜焊接。焊接导线长度不得大于 30m，截面面积不得小于 $50mm^2$。

（3）施焊前应检查并确认电源及控制电路正常，定时准确，误差不大于 5%，机具的传动系统、夹装系统及焊钳的转动部分灵活自如，焊剂已干燥，所需附件齐全。

2. 竖向钢筋电渣压力焊机使用中的安全操作要点

（1）施焊前，应按所焊钢筋的直径，根据参数表，标定好所需的电源和时间。一般情况下，时间（s）可为钢筋的直径数（mm），电流（A）可为钢筋直径的 20 倍数（mm）。

（2）起弧前，上、下钢筋应对齐，钢筋端头应接触良好。对锈蚀粘有水泥的钢筋，应用钢丝刷清除，并保证导电良好。

（3）施焊过程中，应随时检查焊接质量。当发现倾斜、偏心、未熔合、有气孔等现象时，应重新施焊。

（4）每个接头焊完后，应停留 5～6min 保温；寒冷季节应适当延长。当拆下机具时，应扶住钢筋，过热的接头不得过于受力。焊渣应待完全冷却后清除。焊接操作及配合人员必须按规定穿戴劳动防护用品。并必须采取防止触电、高空坠入、瓦斯中毒和火灾等事故的安全措施。

（5）现场使用的电焊机，应设有防雨、防潮、防晒、防砸的机棚，并应装设相应的消防器材。

（6）高空焊接或切割时，必须系好安全带，焊接周围和下方应采取防火措施，并应有专人监护。

（7）当消除焊缝焊渣时，应戴防护眼镜，头部应避开敲击焊渣飞溅方向。

（8）雨天不得露天电焊。在潮湿地带作业，操作人员应站在铺有绝缘物品的地方，并应穿绝缘鞋。

3. 竖向钢筋电渣压力焊机的维护和保养

（1）操作人员要爱护、保管好设备，工作完毕后应把本装置置于安全处，防止雨淋及灰尘对焊机造成损害，并经常清理擦拭设备，尤其是主机内部及交流接触器的触点，转动部位注油保养。

（2）保护好仪表、开关等易损零件。

（3）维修要有专业人员进行，发现有异常现象时，应立即停电进行检修。先检查外观，然后根据电气原理图找出故障原因。

（4）对接头缺陷及防止措施见表 10-2

对接头缺陷及防止措施　　**表 10-2**

序号	常见缺陷	防止措施
1	轴线偏移 或弯折大	1. 校直钢筋。 2. 夹装时夹正钢筋：太长的钢筋要有人扶正。 3. 对接力不要过大
2	焊包不均匀	1. 提高焊接电压。 2. 上下钢筋端面不能倾斜太大。 3. 焊剂密度不均或有杂质

续表

序号	常见缺陷	防止措施
3	焊包不满	适当加大焊接电流和时间，增大熔化量
4	焊包成型不好	石棉布堵严焊剂筒下部的间隙，防止铁水流失
5	焊包有气孔	焊剂要烘干去除杂质，钢筋严重腐蚀要除锈
6	过热（退火）	1. 减少焊接电流。 2. 缩短焊接时间
7	焊包有裂纹	延长保温时间，减少焊接电流
8	拉力不够	调整焊接电流（加大）。 按规程重新操作（操作失误）。 使用干燥焊剂（焊剂太潮）。 化验钢筋是否符合Ⅰ—Ⅲ级钢材的要求（钢筋质量不好）

（八）气焊（割）设备

1. 气焊（割）设备使用前的检查

（1）气瓶每三年必须检验一次，使用期不超过20年。

（2）与乙炔相接触的部件铜或银含量不得超过70%。

（3）严禁用明火检验是否漏气。

（4）乙炔钢瓶使用时必须设有防止回火的安全装置；同时使用两种气体作业时，不同气瓶都应安装单向阀，防止气体相互倒灌。

（5）乙炔瓶与氧气瓶距离不得少于5m，气瓶与动火距离不得少于10m。

（6）乙炔软管、氧气软管不得错装。乙炔气胶管、防止回火装置及气瓶冻结时，应用40℃以下热水加热解冻，严禁用火烤。

（7）现场使用的不同气瓶应装有不同的减压器，严禁使用未安装减压器的氧气瓶。

2. 气焊（割）设备使用中的安全操作要点

（1）安装减压器时，应先检查氧气瓶阀门接头，不得有油脂，并略开氧气瓶阀门吹除污垢，然后安装减压器，操作者不得正对氧气瓶阀门出气口，关闭氧气瓶阀门时，应先松开减压器的活门螺栓。

（2）氧气瓶、氧气表及焊割工具上严禁沾染油脂。开启氧气瓶阀门时，应采用专用工具，动作应缓慢，不得面对减压器，压力表指针应灵敏正常。氧气瓶中的氧气不得全部用尽，应留49kPa以上的剩余压力。

（3）点火时，焊枪口严禁对人，正在燃烧的焊枪不得放在工件或地面上，焊枪带有乙炔和氧气时，严禁放在金属容器内，以防气体逸出，发生爆燃事故。

（4）点燃焊（割）炬时，应先开乙炔阀点火，再开氧气阀调整火。关闭时，应先关闭乙炔阀，再关闭氧气阀。

（5）氢氧并用时，应先开乙炔气，再开氢气，最后开氧气，再点燃。熄灭火时，应先关氧气，再关氢气，最后关乙炔气。

（6）操作时，氢气瓶、乙炔瓶应直立放置且必须安放稳固，防止倾倒，不得卧放使用，气瓶存放点温度不得超过 40℃。

（7）严禁在带压的容器或管道上焊割，带电设备上焊割应先切断电源。在贮存过易燃、易爆及有毒物品的容器或管道上焊割时，应先清除干净，并将所有的孔、口打开。

（8）在作业中，发现氧气瓶阀门失灵或损坏不能关闭时，应让瓶内的氧气自动放尽后，再进行拆卸修理。

（9）使用中，当氧气软管着火时，不得折弯软管断气，应迅速关闭氧气阀门，停止供氧。当乙炔软管着火时，应先关熄炬火，可采用弯折前面一段软管将火熄灭。

（10）工作完毕，应将氧气瓶、乙炔瓶气阀关好，拧上安全罩检查操作场地，确认无着火危险，方准离开。

（11）气焊（割）设备使用中其他安全操作注意事项：

1）氧气瓶应与其他易燃气瓶、油脂和其他易燃、易爆物品分别存放，且不得同车运输。氧气瓶应有防振圈和安全帽；不得用行车或吊车散装吊运氧气瓶。

2）严禁在储存易燃、易爆物品处焊接或切割。

3）严禁在有压力的容器上焊接或切割。

4）焊接或切割油箱等盛油容器时，必须将油放尽并用碱水洗净，打开封口，才能施焊或切割，焊工在作业时，必须避开封口处，以防不测。

5）气瓶在使用前后妥善放置，避免撞击振动，如有漏气，应用肥皂水进行检查，发现瓶阀有损坏或漏气，应立即检修或更换；气瓶搬运时，必须将保护帽装好，在取保护帽时，只能用手或扳手旋下，禁止用金属敲击。

6）夏季露天作业时，气瓶必须放在阴凉处，避免烈日曝晒而发生爆炸；冬季瓶阀冻结时，应用热水或蒸汽加热解冻，严禁火烤。

7）每只氧气减压器和乙炔减压器上只能接一把焊炬或一把割炬；气焊与气割时，氧、乙炔管必须区分使用；操作前应检查皮管与焊炬、割炬的连接是否有漏气现象，焊割嘴是否有堵塞现象。

8）大型容器内焊、割时，外面应有人监护，如果工作尚未最后完成，则严禁将焊炬、割炬放在里面，以防接头漏气而引起爆炸。

9）乙炔瓶在工作时应竖直放置，严禁卧放；气瓶使用时，不可将瓶内气体全部用完，至少留 1～2 大气压（atm，1atm＝0.101325MPa）的气体。

10）皮管应妥善处理好，横跨道路与轨道时，应从轨道下穿过或架空通过。

3. 气焊（割）设备的维护和保养

（1）焊割完毕后关闭气瓶嘴安全帽，将气瓶置放在规定地点。

（2）定期对受压容器、压力表等安全附件进行试验检查和周期检查及强制检查。

（3）短时间停止气割（焊）时，应关闭焊、割炬阀门。离开作业场所前，必须熄灭焊、割炬，关闭气门阀，排出减压器压力，放出管中余气。

（4）应先关闭乙炔阀门，再关闭氧气阀门，熄灭割炬则应先关切割瓶，再关乙炔和预热氧气阀门，然后将减压器调节螺栓拧松。

（5）在大型容器内焊、割作业未完时，严禁将焊、割炬放在容器内，防止焊、割炬的气阀和软管接头泄气，在容器内储存大量乙炔和氧气。

十一、其他设备

（一）咬口机

1. 咬口机使用前的准备与检查

（1）钣金和管工机械上的电源电动机，手持电动工具及液压装置的使用应符合相关规定。

（2）钣金和管工机械上刃具、胎、模具等强度和精度应符合要求，刃磨锋利，安装稳固，紧固可靠。

（3）钣金和管工机械上的传动部分应设有防护罩，作业时严禁拆卸，机械均应安装在机棚内。

2. 咬口机使用中的安全操作要点

（1）作业时非操作和辅助人员不得在机械四周停留观看。

（2）应先空载运转，确认正常后，再作业。

（3）工件长度，宽度不得超过机具允许的范围。

（4）严禁用手抚摸转动中的辊轮，用手送料到末端时，手指应离开工件。

（5）作业中如有异物进入辊中，应及时停车处理。

（6）作业后应先切断电源，锁好电闸箱，并做好日常保养工作。

（7）中小型机械不能满足安全使用条件时，应立即停止使用。

3. 咬口机的维护和保养

（1）应利用侧面四拉手进行人力搬运或机器吊运，切勿用力掰弄台面板，甚至利用台面板吊运机器。

（2）时常在传动齿面上加注钙基润滑脂，减少齿面磨损。

（3）保持轧轮表面清洁，及时清理粘结物，长时间停用时在轧轮表面涂抹防锈油脂。

（4）经常检查系统的工作情况，尤其注意滚针轴承，如有损坏现象应立即更换修复，绝不能继续勉强使用。

（5）若发现轧轮转速变慢或操作无力现象，可能系三角皮带松弛所致，可移动机器位置，重新张紧三角皮带，即能恢复正常。

（6）每六个月为一保养周期，应拆卸上下机架墙板、滚针轴承，并重新涂抹 ZL45-2 锂基润滑脂。

（二）剪板机

1. 剪板机使用前的准备与检查

（1）开机前必须检查电线有无破损、线头有无裸露。

（2）开机前应排除、整理台板内外，确保无杂物、油污。

（3）启动前，应检查各部润滑、紧固情况（零部件有无松动，损伤，移位），切刀不得有缺口。

2. 剪板机使用中的安全操作要点

（1）剪切钢板的厚度不得超过剪板机规定的能力。切窄板材时，应在被剪板材上压一块较宽钢板，使垂直压紧装置下落时，能压牢被剪板材。

（2）应根据剪切板材厚度，调整上、下切刀间隙，切刀间隙不得大于板材厚度的5%，斜口剪时不得大于7%，调整后应用手转动及空车运转试验。

（3）如果拆过阀板，安装好后要调节压力，剪板机在剪切过程中打开压力表开关，观察油路压力值，剪12mm板时压力应小于20MPa。出厂时压力调定20～22MPa，用户必须遵守此规定，不得为剪超规定材料面板。

（4）操作时声音平衡，剪板机如有杂音，应停车检修。

（5）制动装置应根据磨损情况，及时调整。

（6）一人以上作业时，须待指挥人员发出信号方可作业。

（7）送料须待上剪刀停止后进行，送料时应放正、放平、放稳，手指不得接近切刀和压板，严禁将手伸进垂直压紧装置的内侧。

（8）作业后，应清理现场，切断电源，锁好电闸箱，并做好日常保养工作。

3. 剪板机的维护和保养

（1）日常保养：

1）严格按照操作规程进行操作。

2）机床必须经常保持清洁，未油漆的部分涂上防锈油脂。

3）机床各部应经常保持润滑，每班应由操作工加注润滑油一次，每半年由机修工对滚动轴承部位加注润滑油一次。要定时、定点、定量加润滑油，油应清洁无沉淀。

4）电动机轴承内的润滑油要定期更换加注，并经常检查电器部分工作是否正常安全可靠。

5）每天下班前10min，对机床加油润滑及擦洗清洁机床。

6）定期检查修理开关、保险、手柄、保证其工作可靠。

7）定期检查三角皮带、手柄、旋钮、按键是否损坏，磨损严重的应及时更换，并报备件补充。

8）定期检查刀口锋利情况，如发现刀口用钝，应及时进行磨削或调换，刀片的磨削，只需要磨削刀片的厚度。

9）操作工人为主，维修工人协助，按机械制图计划对设备局部拆卸和检查，清洗规定的部位，疏通油路、管道，更换或清洗油线、毛毡、滤油器。

10）严禁非指定人员操作设备。平常必须做到人离机停。

（2）一级保养：

机床运行600h进行一级保养，以操作工人为主，维修工人配合进行。首先切断电源，然后进行保养工作如下。

1）外保养（擦拭机床，要求无黄袍、无油污，配齐缺损零件）。

2）传动检查、调整传动皮带松紧。检查、调整制动器。检查、调整压料机构。清洗齿轮。

3）操纵擦拭、检查操纵杆、连杆、销轴、弹簧。

4）液压润滑清洗滤油器、油杯、油孔，加足新油脂。系统完整齐全，无泄漏。检查压力表。检查油质、油量，酌情添加新油脂。

5）电器擦拭电动机、电器箱。检查、紧固接零装置。

（3）二级保养：

机床运行5000h进行二级保养，以维修工人为主，操作工人参加，除执行一级保养内容及要求外，应做好下列工作，并测绘易损件，提出备品配件。首先切断电源，然后进行保养工作。

1）传动检查齿轮、啮合和磨损情况并调整间隙。修复或更换严重磨损零件。

2）操纵修复或更换严重磨损零件。

3）液压润滑校验压力表。清洗、检查油泵、阀门、阀芯，修光毛刺，更换油封。修复或更换损坏零件。

4）电器清洗电动机，检查轴承，更换润滑脂。修复或更换损坏元件。电器符合设备完好标准要求。

5）精度校正机床水平，检查、调整、修复精度。精度符合设备完好标准要求。

（三）折板机

1. 折板机使用前的准备与检查

（1）折板机机械上的电源电动机及液压装置的使用符合相关的规定。

（2）折板机机械上的模具等强度和精度应符合要求，刃磨锋利，安装稳固，紧固可靠。

（3）折板机机械上的传动部分应设有防护罩，作业时，严禁拆卸。机械均应安装在机棚内。

（4）折板机应安装在稳固的基础上。

（5）作业前应检查电气设备、液压装置及各紧固件，确认完好后方可开机。

2. 折板机使用中的安全操作要点

（1）作业中，应先校对模具，预留被折板厚的1.5～2倍间隙，经试折后，检查机械和模具装备均无误，再调整到折板规定的间隙，方可正式作业。

（2）作业中，应经常检查上模具的紧固件和液压或气压系统，当发现有松动或泄漏等情况，应立即停机，处理后，方可继续作业。

（3）批量生产时，应使用后标尺挡板进行对准和调整尺寸，并应空载运转，检查及确认其摆动灵活可靠。

（4）作业时，非操作和辅助人员不得在机械四周停留观看。

3. 折板机的维护和保养

作业后，应切断电源，锁好电闸箱，并做好日常保养工作。

（1）检查齿轮、啮合和磨损情况并调整间隙，修复或更换严重磨损零件；

（2）校验压力表，清洗、检查油泵、阀门、阀芯，修光毛刺，跟换油封；

（3）清洗电动机，检查轴承，更换润滑脂，修复或更换损坏元件，电器符合设备完好标准要求；

（4）精度校正机床水平，检查、调整、修复精度，精度符合设备完好标准要求。

（四）卷板机

1. 卷板机使用前的准备与检查

（1）卷板机使用前应安装稳固，接地或接零及漏电保护器齐全有效。

（2）卷板机上的传动部分和旋转部分应设有防护罩，作业时，严禁拆卸。室外使用的机械均应搭设机棚或采取防雨措施。

2. 卷板机使用中的安全操作要点

（1）作业中，操作人员应站在工件的两侧。

（2）作业中，用样板检查圆度时，须停机后进行。滚卷工件到末端时，应留一定的余量。

（3）作业时，工件上严禁站人，不得站在已滚好的圆筒上找正圆度。

（4）滚卷较厚、直径较大的筒体或材料强度较大的工件时，应少量下降动轧辊并应经多次滚卷成型。

（5）滚卷较窄的筒体时，应放在轧辊中间滚卷。

（6）作业时，应防止人手和衣服被卷入轧辊内。

（7）作业后，应切断电源，锁好电闸箱，并做好日常保养工作。

3. 卷板机的维护和保养

（1）日常维护（以下保养项目由操作者承担）：

1）检查卷板机外观结构件有无开裂、变形等及紧固件是否松动；

2）检查操作台及操作开关、限位及指示灯是否正常；

3）检查管道系统是否渗漏；

4）检查油泵、电磁阀及油缸等部件有无漏油现象；

5）检查上、下辊运转有无异常，及滑动轴承磨损情况；

6）检查压力表是否正常；

7）检查电动机运转有无异响；

8）检查并润滑各润滑部位：减速机、主传动开式齿轮、上辊升降导轨、上下辊两端滑动轴承；

9）每周彻底清洁设备表面油污一次。

（2）一级技术保养，按照“日常维护”项目进行，并增添下列工作：

1）检查液压系统油箱内的油位是否正常，及时补充不足部分；

2）油压系统的动作检查，在最高工作下操作检查机器性能状态；

3）检查卷板机本体下辊轴承间隙及机架滑动导轨间隙；

4）检查开式齿轮啮合情况。

（3）二级技术保养，液压系统大保养：

1）液压油每1～2年换油一次；

2）换油时放空原油箱中的液压油，检查油箱底部有无杂质，并清洗油箱；

3）过滤器每次换油时，应更换或彻底清洗；

4）各液压控制元件（阀门）视情况进行清洗。

（五）坡口机

1. 坡口机使用前的准备与检查

（1）坡口机上的电源电动机，液压装置的使用应执行相关规定。

（2）坡口机机械上的刃具、胎、模具等强度和精度应符合要求，刃磨锋利，安装稳固，紧固可靠。

（3）坡口机上的传动部分应设有防护罩，作业时，严禁拆卸。机械均应安装在机棚内。

（4）应先空载运转，确认正常后，方可作业。

2. 坡口机使用中的安全操作要点

（1）刀排、刀具应稳定牢固；当工件过长时，应加装辅助托架。

（2）作业中，不得俯身近视工件。严禁用手摸坡口及擦拭铁屑。

（3）作业时，非操作和辅助人员不得在机械四周停留观看。

（4）作业后，应切断电源，锁好电闸箱，并做好日常保养工作。

3. 坡口机的维护和保养

（1）常规保养：

操作过程中发现问题要及时处理，对设备的重点部位要定期进行检查，齿轮传动部分，大小车的运行稳定性。

（2）周保养：

1）对机器进行清理，检查气源过滤器；进行排水、排油，尤其是抽风机的反吹空气必须干燥，检查防碰撞功能，给气缸等加油；

2）对机器传动部位进行清理、加油；检查等离子水冷却效果即水泵的好坏。

（3）月保养：

1）检查传动齿轮部分磨损情况，如果齿轮磨损严重将导致定位不准，磨合发生变化；

2）回转头部分要定期重点检查和保养，如检查防碰撞功能，给气缸等加油，防碰撞的弹簧力量不可太大，调整到回转头在摆角45°时不会报警，但是用手可以拉动防碰装置；

3）检查压力调节阀等，确认压力输出正常；

4）检查对角线，误差应小于0.5mm。

（4）季度保养：

1）要检测机器的编码器定位精度，保证机器按程序行走10m在0.5mm以内，检测机器的重复精度在0.2mm以内；

2）清理各个电控柜内部的灰尘和等离子电源内的灰尘。

（六）法兰卷圆机

1. 法兰卷圆机使用前的准备与检查

（1）法兰卷圆机上液压装置的使用应符合相关规定。

（2）法兰卷圆机上的模具强度和精度的使用应符合要求，刃磨锋利，安装稳固，紧固可靠。

（3）法兰卷圆机上的传动部分应设有防护罩，注意作业时严禁拆卸。机械均应安装在机棚内。

2. 法兰卷圆机使用中的安全操作要点

（1）加工型钢规格不应超过机具的允许范围。

（2）应先空运转，确认正常后方可作业。

（3）当轧制的法兰不能进入第二道型辊时，应使用专用工具送入。严禁用手直接推送。

（4）当加工法兰直径超过1000mm时，应采取托架等安全措施。

（5）任何人不得靠近法兰尾端。

（6）作业时，非操作和辅助人员不得在机械四周停留观看。

（7）使用中还需注意：

1）当调整辊筒间隔的时候，需要在辊筒两端一起调节，从大至小的顺序，要保持上下辊筒轴心处于平行位置，避免过量调节损坏卷圆机，调整合适后，要及时锁紧调节装置，防止有所变动；

2）对机器各运动构件进行润滑，特别是轴承和齿轮等部位，工作期间，如听到设备有异常杂音，应立即停机检查，排除故障；

3）当发现生产出的产品曲率半径忽大忽小时，要停机检查原因，如因材料厚度不均匀造成的，应按照较厚板材的需求重新调整上下辊的距离，以免间隙过小损坏机器；

4）还要保证辊筒表面干净整洁，油污会造成板材打滑，影响生产效率，固体异物可损伤板料表面质量，并可能造成辊筒表面损伤，发现污迹应及时停机擦拭干净；

5）运行中，应查看板料表面情况，防止板料表面附着异物带进机器，损伤设备，如发现辊筒表面有损伤，应及时停机修理，保持辊筒表面光洁；

6）工作完成后，应及时擦拭设备表面和辊筒，长期不使用时，应在辊筒上涂上防锈油，以防辊筒生锈。

3. 法兰卷圆机的维护和保养

（1）每天下班前十分钟，关闭电源后，清扫法兰机周围的铁屑和灰层；对于残留在机床上的铁屑和污渍应用干抹布及时清理。

（2）定期对滚子，导轮部位上润滑油，齿轮部分加黄油，对于无漆的金属部分涂上防锈油。

（3）定期检查皮带轮处是否松动，电线处有无破损，应及时修理。

（七）套丝切管机

1. 套丝切管机使用前的准备检查

（1）设备必须专人负责，操作人员必须经过相应培训学习。

（2）套丝切管机机械上的电源电动机、手持电动机工具及液压装置的使用应符合相关规定。

(3) 套丝切管机机械上的模具强度和精度的使用应符合要求，刃磨锋利，安装稳固，紧固可靠。

(4) 套丝切管机机械上的传动部分应设有防护罩，注意作业时严禁拆卸。机械均应安装在机棚内。

2. 套丝切管机使用中的安全操作要点

(1) 套丝切管机应安放在稳固的基础上，应先空运转，进行检查、调整，确认运转正常，方可作业。

(2) 加工钢管或管件时，管件必须是形状规格无毛刺或变形，以防套丝不合格损坏刀片。

(3) 套丝时必须保证冷却液的流量，并及时更换冷却液，冬季套丝时，需注意保暖和预热。

(4) 应按加工管径选用板牙头和板牙，板牙应按顺序放入，作业时应采用润滑油润滑板牙。

(5) 套丝时必须确保管件夹持牢固。

(6) 当工件伸出卡盘端面的长度过长时，后部应加装辅助托架，并调整好高度。

(7) 切断作业时，不得在旋转手柄上加长力臂；切平管端时，不得进刀过快。

(8) 当加工件的管径或椭圆度较大时，应两次进刀。

(9) 作业中应采用刷子清除切屑，不得敲打振落。

(10) 作业时，非操作和辅助人员不得在机械四周停留观看。

(11) 作业后，应切断电源，清理干净铁屑，锁好电闸箱。

(12) 将设备擦拭干净放回指定位置，专人保管。

3. 套丝切管机的维护和保养

(1) 每天清洗油盘，如果油色发黑或脏污，应清洗油箱，换上新油。

(2) 每天工作结束后，清洗板牙和板牙头，检查板牙有无崩齿，清除齿间切屑，如果发现损坏及时更换，更换板牙时不能只更换一个，应更换一副，即四个板牙。

(3) 为保证前后轴承的润滑，在使用时应向主轴机壳上面的两只油杯加油，每天不得少于两次。

(4) 每周检查割刀刀片，发现钝时，要及时更换。

(5) 每周清洗油箱过滤器。

(6) 每月检查卡爪中卡爪尖磨损情况，如发现磨损严重时，必须更换卡爪尖一副。

(7) 当设备长期不用时，应拔掉电源插头，在前后导柱及其他运行面上涂抹防锈油，存放于通风、干燥处妥善保管。

(八) 弯管机

1. 弯管机使用前的准备与检查

(1) 弯管机机械上的电源电动机、手持电动机工具及液压装置的使用应符合相关规定。

(2) 弯管机机械上的模具强度和精度的使用应符合要求，刃磨锋利，安装稳固，紧固可靠。

（3）弯管机机械上的传动部分应设有防护罩，注意作业时严禁拆卸。机械均应安装在机棚内。

（4）套丝切管机应安放在稳固的基础上，应先空运转，进行检查、调整，确认运转正常，方可作业。

2. 弯管机使用中的安全操作要点

（1）作业场所应设置围栏。

（2）应按加工管径选用管模，并应按顺序放好。

（3）不得在管子和管模之间加油。

（4）应夹紧机件，导板支承机构应按弯管的方向及时进行换向。

3. 弯管机的维护和保养

作业后，应切断电源，锁好电闸箱，并做好日常保养工作：

（1）弯管机必须保持清洁，未油漆的部分涂上防锈油脂；

（2）定时、定点、定量加上润滑油，油应清洁无沉淀；

（3）定期检查其开关、三角皮带、手柄、旋钮、按键等是否损坏，磨损严重的应及时更换。

（九）小型台钻

1. 小型台钻使用前的准备与检查

（1）钻床必须安装牢固，布置和排列应确保安全。

（2）操作人员在工作中应按规定穿戴防护用品，要扎紧袖口。不得围围巾及戴手套。

（3）启动前应检查以下各项，确认可靠后，方可启动。

1）各部螺栓紧固，配合适当；

2）行程限位，信号等安全装置完整、灵活、可靠；

3）润滑系统，保持清洁，油量充足；

4）电气开关，接地或接零均良好；

5）传动及电气部分的防护装置完好牢固；

6）各操纵手柄的位置正常，动作可靠；

7）工件、夹具、刀具无裂纹、破损、缺边断角并装夹牢固。

2. 小型台钻使用中的安全操作要点

（1）工件夹装必须牢固可靠，钻小件时，先用工具夹持，不得手持工件进行钻孔，薄板钻孔，应用虎钳夹紧并在工件下垫好木板，使用平钻头。

（2）手动进钻退钻时、应逐渐增压或减压，不得用管子套在手柄上加压进钻。

（3）排屑困难时，进钻、退钻应反复交替进行。

（4）钻头上绕有长屑时，应停钻后用铁钩或刷子清除，严禁用手拉或嘴吹。

（5）严禁用手触摸旋转的刀具或将头部靠近机床旋转部分，不得在旋转着的刀具下翻转、卡压或测量工件。

（6）使用时还应注意：

1）使用钻床时绝对不可以戴手套；变速时必须先停车再变速；

2）钻头装夹必须牢固可靠，闲杂人员不可在旁观看；

3）钻通孔时，使钻头通过工作台让刀，或在工作台下垫木块，避免损伤工作台面；

4）要紧牢工件，尤其是薄金属件，严禁甩出伤人；

5）钻削用力不可过大，钻销量必须控制在允许的技术范围内；

6）不可以带病作业，使用结束必须关闭电源。

3. 小型台钻的维护和保养

（1）作业后，应切断电源，锁好电闸箱，并做好日常保养工作。

（2）由专人负责设备的定期技术保养，严禁未经专业操作培训人员使用。

（3）安装的钻头前首先应仔细检查钻头、钻夹头、钻套配合表面有无磕伤或拉痕，钻头刃口是否完好，以防切削时，钻头折断伤人，其次应检查钻头的装夹应精确而牢固；

（4）停钻前，应先从工件中退出刀具，更换刀具应在主轴停止转动后进行。停机后，用毛刷将钻床各部位清理干净，不得留有切屑。

（5）每周将钻床主轴擦拭干净，并加注 40 号机械油一次。

（6）每周检查各操作手柄的灵活性及可靠性，以保证操作安全。

（7）清洗主轴，并加注润滑油。

（8）清洗所有轴承和轴承座，并加注润滑油。

（9）检查各传动零部件的完好性，更换坏损或磨损较严重的零部件，并对各部进行润滑保养。

（十）喷浆机

1. 喷浆机使用前的准备与检查

（1）喷浆机的浆液须经过滤，以免污物堵塞管路或喷嘴。

（2）检查吸浆滤网是否有破损，使用前可以清理下网面上的积存污物，吸浆管口不得露出液面。

（3）手动喷浆机在操作时，摇杆不得猛拉猛推，应均匀摇动摇杆，不得两人同时推动摇杆。

（4）喷浆机的各部连接不得有松动现象，紧固件不应松动。各润滑部位应及时加注润滑油脂。

2. 喷浆机使用中的安全操作要点

（1）石灰浆的密度应为 1.06～1.10g/cm^3。

（2）喷涂前，应对石灰浆采用 60 目筛网过滤两遍。

（3）喷嘴孔径宜为 2.0～2.8mm。当孔径大于 2.8mm 时，应及时更换。

（4）泵体内不得无液体干转。在检查电动机旋转方向时，应先打开料桶开关，让石灰浆流入泵体内部后，再开动电动机带泵旋转。

（5）作业后，应往料斗注入清水，开泵清洗直到水清为止，再倒出泵内积水，清洗疏通喷头座及滤网，并将喷枪擦洗干净。

3. 喷浆机的维护和保养

（1）长期存放前，应清除前、后轴承座内的石灰浆积料，堵塞进浆口，从出浆口注入机油约50mL，再堵塞出浆口，开机运转约30s，使泵体内润滑防锈。

（2）喷浆机械上的外露的传动部分应有防护罩，作业时，不得随意拆卸。

（3）喷浆机械应安装在防雨、防风沙的机棚内。

（4）长期搁置再用的机械，在使用前除必要的机械部分维修保养外，必须测量电动机绝缘电阻，合格后方可使用。

（十一）柱塞式、隔膜式灰浆泵

1. 柱塞式、隔膜式灰浆泵使用前的准备与检查

（1）灰浆泵的工作机构应保证强度和精度以及完好的状态，安装必须稳妥，坚固可靠。

（2）灰浆泵外露的传动部分布置宜短应有防护罩，作业时不得随意拆卸。

（3）灰浆泵应安装平稳。输送管路应直、少弯头；全部输送管道接头应紧密连接，不得渗漏；垂直管道应固定牢固；管道上不得加压或悬挂重物。

（4）作业前应检查并确认球阀完好，泵内无干硬灰浆等物，各连接紧固牢靠，安全阀已调整到预定的安全压力。

2. 柱塞式、隔膜式灰浆泵使用中的安全操作要点

（1）泵送前，应先用水进行泵送试验，检查并确认各部位无渗漏。当有渗漏时，应先排除。

（2）被输送的灰浆应搅拌均匀，不得有干砂和硬块；不得混入石子或其他杂物；灰浆稠度应为80～120mm。

（3）泵送时，应先开机后加料；应先用泵压送适量石灰膏润滑输送管道，然后再加入稀灰浆，最后调整到所需稠度。

（4）泵送过程应随时观察压力表的泵送压力，当泵送压力超过预调的1.5MPa时，应反向泵送，使管道内部分灰浆返回料斗，再缓慢泵送；当无效时，应停机卸压检查，不得强行泵送。

（5）泵送过程不宜停机。当短时间内不需泵送时，可打开回浆阀使灰浆在泵体内循环运行。当停泵时间较长时，应每隔3～5min泵送一次，泵送时间宜为0.5min，应防灰浆凝固。

（6）故障停机时，应打开泄浆阀使压力下降，然后排除故障。灰浆泵压力未达到零时，不得拆卸空气室、安全阀和管道。

3. 柱塞式、隔膜式灰浆泵的维护和保养

（1）作业后，应采用石灰膏或浓石灰水把输送管道里的灰浆全部泵出，再用清水将泵和输送管道清洗干净。

（2）柱塞式、隔膜式灰浆泵应安装在防雨、防风沙的机棚内。

（3）长期搁置再用的机械，在使用前除必要的机械部分维修保养外，必须测量电动机绝缘电阻，合格后方可使用。

（十二）挤压式灰浆泵

1. 挤压式灰浆泵使用前的检查

使用前，应先接好输送管道，往料斗加注清水，启动灰浆泵，当输送胶管出水时，应折起胶管，待升到额定压力时停泵、观察各部位应无渗漏现象。

2. 挤压式灰浆泵使用中的安全操作要点

（1）作业前，应先用水，再用白灰膏润滑输送管道后，方可加入灰浆，开始泵送。

（2）料斗加满灰浆后，应停止振动，待灰浆从料斗泵送完时，再加新灰浆振动筛料。

（3）泵送过程应注意观察压力表。当压力迅速上升，有堵管现象时，应反转泵送2～3转，使灰浆返回料斗，经搅拌后再泵送，当多次正反泵仍不能畅通时，应停机检查，排除堵塞。

（4）工作间歇时，应先停止送灰，后停止送气，并应防气嘴被灰堵塞。

（5）作业后，应对泵机和管路系统全部清洗干净。

3. 挤压式灰浆泵的维护和保养

（1）灰浆机外露的传动部分布置宜短应有防护罩，作业时不得随意拆卸。

（2）灰浆机械应安装在防雨、防风沙的机棚内。

（3）长期搁置再用的机械，在使用前除必要的机械部分维修保养外，必须测量电动机绝缘电阻，合格后方可使用。

（十三）水磨石机

1. 水磨石机使用前的检查

（1）水磨石机宜在混凝土达到设计强度70%～80%时进行磨削作业。

（2）作业前，应检查并确认各连接件紧固，当用木槌轻击磨石发出无裂纹的清脆声音时，方可作业。

（3）电缆线应离地架设，不得放在地面上拖动。电缆线应无破损，保护接零或接地良好。

2. 水磨石机使用中的安全操作要点

（1）在接通电源、水源后，应手压扶把使磨盘离开地面，再启动电动机。并应检查确认磨盘旋转方向与箭头所示方向一致，待运转正常后，再缓慢放下磨盘，进行作业。

（2）作业中，使用的冷却水不得间断，用水量宜调至工作面不发干。

（3）作业中，当发现磨盘跳动或异响，应立即停机检修。停机时，应先提升磨盘后关机。

（4）更换新磨石后，应先在废水磨石地坪上或废水泥制品表面磨1～2h，待金刚石切削刃磨出后，再投入工作面作业，否则会有打掉石子现象。

（5）根据地面的粗细情况，应更换磨石。如去掉磨块，换上蜡块用于地面打蜡。

3. 水磨石机使用的维护和保养

（1）作业后，应切断电源，清洗各部位的泥浆，调整部位的螺栓涂上润滑油脂。并放置在干燥处，用防雨布遮盖。

（2）及时检查并调整V带的松紧度。

（3）使用100h后，拧开主轴壳上的油杯，加注润滑油；使用1000h后，拆洗轴承部位并加注新的润滑油。

（4）长期搁置再用的机械，在使用前应进行必要的保养，并必须测量电动机的绝缘电阻，合格后方可使用。

（十四）切割机

1. 切割机使用前的检查

（1）切割机上的刃具、胎具、模具、成型辊轮等应保证强度和精度，刀刃磨锋利，安装紧固可靠。

（2）切割机上外露的转动部分应有防护罩，并不得随意拆卸。

（3）长期搁置再用的机械，在使用前必须测量电动机绝缘电阻，合格后方可使用。

2. 切割机使用中的安全操作要点

（1）等离子切割机。

1）应检查并确认无漏电、漏气、漏水现象，接地或接零安全可靠。应将工作台与地面绝缘，或在电气控制系统安装空载断路继电器。

2）小车、工件位置适当，工件应接通切割电路正极，切割工作面下应设有熔渣坑。

3）应根据工件材质、种类和厚度选定喷嘴孔径，调整切割电源、气体流量和电极的内缩量。

4）自动切割小车应经空车运转，并选定切割速度。

5）操作人员必须戴好防护面罩、电焊手套、帽子、滤膜防尘口罩和隔音耳罩。不戴防护镜的人员严禁直接观察等离子弧，皮肤严禁接近等离子弧。

6）切割时，操作人员应站在上风处操作。可从工作台下部抽风，并宜缩小操作台上的敞开面积。

7）切割时，当空载电压过高时，应检查电器接地或接零和割炬把手绝缘情况。

8）高频发生器应设有屏蔽护罩，用高频引弧后，应立即切断高频电路。

9）作业后，应切断电源，关闭气源和水源。

（2）仿形切割机。

1）应按出厂使用说明书要求接好电控箱到切割机的电缆线，并应做好保护接地或接零。

2）作业四周不得堆放易燃、易爆物品。

3）作业前，应先空运转，检查并确认氧、乙炔和加装的仿形样板配合无误后，方可作试切工作。

4）作业后，应清理设备，整理氧气带、乙炔气带及电缆线，分别盘好并架起保管。

（3）混凝土切割机。

1）使用前，应检查并确认电动机、电缆线均正常，接零或接地良好，防护装置安全有效，锯片选用符合要求，安装正确。

2）启动后，应空载运转，检查并确认锯片运转方向正确，升降机构灵活，运转无异常，一切正常后，方可作业。

3）切割厚度应按机械出厂铭牌规定进行，不得超厚切割；切割时应匀速切割。

4）加工件送到锯片相距 300mm 处或切割小块料时，应使用专用工具送料，不得直接用手推料。

5）作业中，当工件发生冲击、跳动及异常音响时，应立即停机检查，排除故障后，方可继续作业。

6）锯台上和构件锯缝中的碎屑应采用专用工具及时清除，不得用手清理。

7）作业后，应清洗机身，擦干锯片，排放水箱余水，收回电缆线，并存放在干燥、通风处。

3. 切割机使用的维护和保养

（1）作业后，应切断电源，锁好电闸箱，并做好日常保养工作。

（2）使用后要及时清洗机身，擦干锯片，排放水箱余水，收回电缆线，并存放在干燥、通风处。

（3）长期搁置再用的机械，在使用前应进行必要的保养，并必须测量电动机的绝缘电阻，合格后方可使用。

（4）每日的维护和保养：

1）每个工作日必须清理机床及导轨的污垢，使床身保持清洁，下班时关闭气源及电源，同时排空机床管带里的余气；

2）如果离开机器时间较长则要关闭电源，以防非专业者操作；

3）注意观察机器横、纵向导轨和齿条表面有无润滑油，使之保持润滑良好。

（5）每周的维护与保养：

1）每周要对机器进行全面的清理，横、纵向的导轨、传动齿轮齿条的清洗，加注润滑油；

2）检查横纵向的擦轨器是否正常工作，如不正常及时更换；

3）检查所有割炬是否松动，清理点火枪口的垃圾，使点火保持正常；

4）如有自动调高装置，检测是否灵敏、是否要更换探头；

5）检查等离子割嘴与电极是否损坏、是否需要更换割嘴与电极。

（6）月与季度的维修保养：

1）检查总进气口有无垃圾，各个阀门及压力表是否工作正常；

2）检查所有气管接头是否松动，所有管带有无破损，必要时紧固或更换；

3）检查所有传动部分有无松动，检查齿轮与齿条啮合的情况，必要时作以调整；

4）松开加紧装置，用手推动滑车，是否来去自如，如有异常情况及时调整或更换；

5）检查夹紧块、钢带及导向轮有无松动、钢带松紧状况，必要时调整；

6）检查所有按钮和选择开关的性能，损坏的更换，最后画综合检测图形检测机器的精度。

（十五）通风机

1. 通风机使用前的准备与检查

（1）通风机安装应有防雨防潮措施。

（2）通风机和管道安装，应保持稳定牢固。风管接头应严密，口径不同的风管不得混合连接，风管转角处应做成大圆角。风管出风口距工作面宜为6～10m。风管安装不应妨碍人员行走及车辆通行；若架空安装，支点及吊挂应牢固可靠。隧道工作面附近的管道应采取保护措施，防止放炮砸坏。

（3）通风机及通风管应装有风压水柱表，并应随时检查通风情况。

2. 通风机使用中的安全操作要点

（1）启动前应检查并确认主机和管件的连接符合要求、风扇转动平稳、电流过载保护装置均齐全有效后，方可启动。

（2）运行应平稳无异响，如发现异常情况时，应立即关闭电源停机检修。对无逆止装置的通风机，应待风道回风消失后方可检修。

（3）当电动机温升超过铭牌规定时，应停机降温。

（4）严禁在通风机和通风管上放置或悬挂任何物件。

3. 通风机的维护和保养

（1）作业后，应切断电源，锁好电闸箱，并做好日常保养工作。

（2）长期搁置再用的机械，在使用前应进行必要的保养，并必须测量电动机的绝缘电阻，合格后方可使用。

（3）通风机日常维护和保养内容

1）轴承润滑，注油前应先将电动机排油孔打开弃去废油。

2）主通风机应在三个月内小修一次，每年中修一次，三年大修一次。也可根据设备状态适当提前或延期进行。

3）要定期停机全面检查通风机各个部件是否符合要求，重点检查的部位有：

① 检查电动机前后轴承磨损情况，需要更换时要按型号更换轴承和润滑脂；

② 检查通风机叶轮部分各部件的连接是否松动，叶片的安装角度是否与原先设定的相同，发现问题及时处理。维修时注意保持各部分的原连接方式；

③ 检查叶片时用硬刷清除叶片上的煤尘，用手摇动叶片看有无松动，叶片因腐蚀发现小孔时必须更换，新更换的叶片参数、材质、重量必须与旧叶片相同，并由原生产厂家提供；

④ 定期清理风道中的堆积物；

⑤ 检修电动机时需认真保护好隔爆面和隔流腔及各种密封胶垫，橡胶垫损坏或老化应及时更换；

⑥ 仪器、仪表、探头应按要求定期校验；

⑦ 检查各风门是否严密；

⑧ 风门绞车零部件是否齐全紧固，润滑状况是否良好；

⑨ 风门牵引钢丝绳是否磨损，有无断丝及严重锈蚀情况；

⑩ 风机外壳有无严重锈蚀变形或强烈振动。

4）备用通风机应经常检查维护，保持完好状态。并应每月空运转一次以保证备用通风机正常完好，可在10min内投入运行。

（十六）离心水泵

1. 离心水泵使用前的准备与检查

（1）水泵放置地点应坚实，安装应牢固、平稳，并应有防雨防潮设施。多级水泵的高压软管接头应牢固可靠，放置宜平直，转弯处应固定牢靠。数台水泵并列安装时，每台之间应有0.8～1.0m的距离；串联安装时，应有相同的流量。

（2）冬季运转时，应做好管路、泵房的防冻、保温工作。

（3）启动前应检查并确认：

1）电动机与水泵的连接同心，联轴节的螺栓紧固，联轴节的转动部分有防护装置，泵的周围无障碍物；

2）管路支架牢固，密封可靠，无堵塞或漏水；

3）排气阀畅通，进、出水管接头严密不漏，泵轴与泵体之间不漏水。

2. 离心水泵使用中的安全操作要点

（1）启动时应加足引水，并将出水阀关闭；当水泵达到额定转速时，旋开真空表和压力表的阀门，待指针位置正常后，方可逐步打开出水阀。

（2）运转中发现下列情况，应立即停机检修：

1）漏水、漏气、填料部分发热；

2）底阀滤网堵塞，运转声音异常；

3）电动机温升过高，电流突然增大；

4）机械零件松动或其他故障。

（3）升降吸水管时，应在有护栏的平台上操作。

（4）运转时，人员不得从机上跨越。

（5）水泵停止作业时，应先关闭压力表，再关闭出水阀，然后切断电源。

3. 离心水泵的维护和保养

（1）水泵使用后，要仔细检查压力表、出水阀、电源等关闭情况。

（2）冬季停用时，应将各部放水阀打开，放净水泵和水管中积水。管路、泵房的防冻工作也要做好。将泵的四周设立坚固的防护围网。泵应直立于水中，水深不得小于0.5m，不得在含泥砂的水中使用。

（3）日常维护保养内容：

1）严格按泵的操作规程启动、运行与停车，并做好运行记录；

2）每班检查润滑部位的润滑油是否符合规定，做到严格实行“五定”、“三级过滤”；

3）每班检查轴承温度，应不高于环境温度35℃，滚动轴承的最高温度不得超过75℃；滑动轴承的最高温度不得超过70℃，每班检查电动机温升；

（4）每班检查轴封处滴漏情况，标准为填料密封保持10～20滴/min为宜；对于机械密封，应无任何泄漏；

（5）每班观察泵的压力，电动机电流是否正常和稳定，注意泵有无噪声等异常情况，发现问题及时处理；

（6）每班保持机泵及周围场地整洁卫生，及时处理跑、冒、滴、漏现象。

（十七）潜水泵

1. 潜水泵使用前的准备与检查

（1）潜水泵宜先装在坚固的篮筐里再放入水中，亦可在水中将泵的四周设立坚固的防护围网。泵应直立于水中，水深不得小于0.5m，不宜在含大量泥砂的水中使用。

（2）潜水泵放入水中或提出水面时，应先切断电源，严禁拉拽电缆或出水管。

（3）潜水泵应装设保护接零和漏电保护装置，工作时泵周围30m以内水面，不得有人、畜进入。

（4）启动前应检查并确认：

1）水管绑扎牢固；

2）放气、放水、注油等螺塞均旋紧；

3）叶轮和进水节无杂物；

4）电气绝缘良好。

2. 潜水泵使用中的安全操作要点

（1）接通电源后，应先试运转，检查并确认旋转方向正确，无水运转时间不得超过使用说明书规定。

（2）应经常观察水位变化，叶轮中心至水平距离应在0.5～3.0m之间，泵体不得陷入污泥或露出水面。电缆不得与井壁、池壁相擦。

（3）启动电压应符合使用说明书的规定，电流超过铭牌规定的限值时，应停机检查，并不得频繁开关机。

（4）新泵或新换密封圈，在使用50h后，应旋开防水封口塞，检查水、油的泄露量，如超过25mL，应进行0.2MPa气压试验，查处原因，予以排除。以后每月检查一次，若泄露量不超过25mL，则可继续使用。检查后应换上规定的润滑油。

（5）经过修理的油浸式潜水泵，应先经0.2MPa气压试验，检查各部无泄露现象。

（6）当气温降到0℃以下时，在停止运动后，应从水中提出潜水泵擦干后存放室内。

（7）运行中的注意事项：

1）启动潜水电泵，应转动平稳，无振动和异常响声，观察电动机运行电流和线路电压启动前后有无明显波动；

2）电动机主回路通电后，如发现电动机不转动，应立即停机，以防电动机卡死长时间通电而烧毁。注意对首次安装或检修后投入运行的潜水泵，试机时只能就地启动，以便观察，若发现潜水泵异常，应立即停机；

3）检查旋转方向是否正确，安装是否妥当，查找原因排除故障后方可投运；

4）对因电动机烧毁致使绕组重绕的潜水泵，第一次投运几小时后，可停机测量热态对地绝缘电阻，应不小于0.38MΩ才能继续使用；

5）潜水泵运行时必须潜入水中，且开停不宜过于频繁；每小时启动次数一般不多于6次（具体次数与功率及潜水泵类型有关），且要求间隔均匀。再次启动应在停机后3～5min后进行，以防止管道内产生水锤损坏。

3. 潜水泵的维护和保养

（1）潜水泵不用时，不得长期浸没于水中，应放置在干燥通风的室内。

（2）每周应测定一次电动机定子绕组的绝缘电阻，其值应无下降（电动机定子绕组的绝缘电阻不得低于0.5MΩ）。

（3）潜水泵如长时间停用，应将其吊起，清洗排放口，将冷却套内的积水全部排放干净并清洗泥砂（寒冷的冬季尤为重要，以防冻坏电动机），将电动机水泵内外擦洗干净，进行全面的涂漆防锈处理，有条件的可在水泵重点部位涂上黄油，轴承内加上润滑油，以防零部件锈蚀，处理完毕后存放在无腐蚀性物质和干燥通风的仓库。

（4）为了保证潜水泵的可靠运行，延长使用寿命，需定期对潜水泵及其控制系统进行全面维护保养，每年至少做一次全面预防性检修。

（5）在预防性维修及潜水泵运行过程中，应正确区分超温报警，报警时是真正超温还是元件老化误动作。如属元器件老化，则只须将其信号接入报警信号中，不让其直接参与控制，以减少潜水泵的频繁启动。

（十八）深井泵

1. 深井泵使用前的准备与检查

（1）使用前深井泵的使用环境应满足如下几方面的要求：

1）电源频率为50Hz，额定电压为允差±5%的三相交流电源；

2）固体物含量（按质量计）不大于0.01%；

3）泵房内设预润水箱，容量应满足一次启动所需的预润水量。水泵进水口必须在水位1m以下，但潜水深度不超过静水位以下70m，泵下端距井底水深至少1m；

4）要求井竖直，井壁光滑，井管不得错开。

（2）新装或经过大修的深井泵，应调整泵壳与叶轮的间隙，叶轮在运转中不得与壳体摩擦。

（3）深井泵在运转前应将清水通入轴与轴承的壳体内进行预润。

（4）深井泵启动前，应检查并确认：

1）底座基础螺栓已紧固；

2）轴向间隙符合要求，调节螺栓的保险螺母已装好；

3）填料压盖已旋紧并经过润滑；

4）电动机轴承已润滑；

5）用手旋转电动机转子和止退机构均灵活有效。

2. 深井泵使用中的安全操作要点

（1）深井泵的安装首先要检查供电线路、电网电压、频率、控制开关是否符合使用条件；其次水泵必须采取良好的接地措施；检查电控柜安装是否正确并良好接地；检查起吊设施要安全可靠。水泵的安装按以下顺序进行：

1）拆下位于水泵中部的滤水网，拧下注水螺塞和放水螺塞，向机内注满洁净的中性水，然后拧紧螺塞；检查电动机各连接部位是否有渗漏，如有渗漏进行密封处理；

2）用500V兆欧表测定电动机绝缘电阻不得低于150MΩ，并用改锥撬转叶轮应转动自如无卡滞现象；

3）先将短输水管连接在止回阀体上，用一副夹板装在短输水管的上法兰下，然后将水泵轻轻吊起放入井中，使夹板坐落在井盖上；

4）用另一副夹板夹住长输水管吊起与短输水管连接，再拆下第一副夹板吊装另一根长输水管，依此反复进行安装完毕，然后盖好井盖将夹板固定在井盖上，最后安装弯输水管、阀门、出水管，深井泵；

5）安装过程中管路两法兰之间应垫好管路胶垫，紧固螺栓时应对称上紧，电缆要绑扎在输水管法兰上的凹槽内；不可将电缆线当作吊绳使用，更不准碰伤电缆线。

（2）深井泵使用中要注意：

1）吊装时应注意保护电缆，以防破损，所用起吊装置（如三脚架、吊葫芦或电动葫芦等）起重量应大于深井泵重量，并留有足够余地；下吊前人工转动叶轮检查转动是否灵活，主接触器触头接触是否良好，电缆线和电缆接头有无破裂、擦伤痕迹，电动机外壳接地是否可靠，并用万用表检查三相线路导通情况；

2）启动水泵，应转动平稳，无振动和异常响声，观察电动机运行电流和线路电压启动前后有无明显波动；注意对首次安装或检修后运行的深井泵，试机时只能就地启动，以便观察，若发现深井泵异常，应立即停机，检查旋转方向是否正确，安装是否妥当，查找原因排除故障后才能运行。

（3）深井泵常见故障的原因分析：

1）不能抽水或扬程严重不足，这时水泵出现时转时不转现象，且深井泵在空转时，还有较大的噪声，这种现象大多是深井泵的轴承损坏；

2）密封不良，水泵电动机的轴伸端有一个双端面机械密封部件，它采用高耐磨性材料制成，深井泵在使用一段时间后，密封件因磨损或自然老化引起密封不良而漏油渗水；另外，在各机械配合面均有圆形橡胶密封圈形成密封垫以防止水渗入泵体内，但由于深井泵使用的电动机转速很高，在长期使用中必然造成机械密封端面严重磨损；

3）出水管破损泄漏，能听到吊在深井里的深井泵泵轮正常的转动声音（电表也正常转动），但是却抽不上水或只有少量的水上来，这种情况大多是出水的管子损坏；

4）卡泵，水泵不转，但能听到嗡嗡的响声，这大多为水泵叶轮被异物卡住，例如，某些地区由于地质原因导致井水水质含沙量大容易造成过滤网罩损坏；

5）漏电，漏电是水泵最常见的故障之一，故障现象表现为合上闸刀时，配电房中的漏电保护器便自动跳闸，这是由于深井泵泵体内进水而造成电动机绕组漏电现象；

6）启动电容失效，接上电源时能听到嗡嗡的声音，但深井泵电动机不转，这时若轻轻拨动叶轮，深井泵能立即转动则可判断为电容已损坏。

（4）深井泵不得在无水情况下空转。水泵的一、二级叶轮应浸入水位 1m 以下。运转中应经常观察井中水位的变化情况。

（5）运转中，当发现基础周围有较大振动时，应检查水泵的轴承或电动机填料处磨损情况；当磨损过多而漏水时，应更换新件。

（6）已吸、排过含有泥砂的深井泵，在停泵前，应用清水冲洗干净。

（7）停泵前，应先关闭出水阀，再切断电源，最后锁好开关箱。

3. 深井泵的维护保养

(1) 使用后要仔细检查压力表、出水阀、电源等关闭情况，锁好开关箱。冬季停用时，应放净泵中积水。

(2) 为了保障深井泵的正常可靠运行，延长使用寿命，减少在使用中发生事故，平时必须加强对深井泵的维修维护，定期对深井泵及其控制系统进行全面的维护保养，每年至少做一次全面的预防性检修。

(3) 深井泵的日常维护保养：深井泵的维护保养主要包括机械、电气两方面，机械方面的维护重点是密封和预防锈蚀，电气方面的检查重点则是电缆的绝缘和预防漏电。

(4) 机械方面的日常维护：

1) 经常检查深井泵的机械密封情况，对各种密封件，如密封圈、油孔螺钉、密封盒等都要进行检查，对已磨损的部件和密封性能差的部件，要及时维修或更换，发现松动的要及时拧紧，密封不牢的要及时更换新件，以确保使用安全；

2) 防止发生深井泵锈蚀，如泵的表面受损脱漆，应及时清除锈迹，涂抹防锈漆加以保护；

3) 定期检查深井泵的轴承情况，看轴承有无磨损、是否缺油、是否有跑内圈或跑外圈的情况、是否要更换；

4) 深井泵一般每使用两年就要进行一次全面检查养护，可通过机械运转发出的声音来初步检查深井泵各部件是否正常。检查叶轮有无磨损或气蚀、轴是否生锈变形或磨损、电动机内外紧固螺栓有无松脱、泵口及周围有无泥砂沉积或堵塞等。

(5) 电气方面的日常维护：

1) 定期检查深井泵对地绝缘电阻，检查电缆有无破损现象；如有损坏应及时更换，以防漏电；

2) 经常检查深井泵的运行电压与电流，用电压表测量三相电压应基本一致；

3) 泵运转过程中，必须观察仪表读数及泵的振动和声音是否正常，如发现异常情况要及时处理。

(6) 深井泵常见故障的检修：如果使用的深井泵运转频繁，每天工作时间较长，要每年进行一次（特殊情况下每年两次）吊泵解体检修。对常见故障则根据以下不同情形进行相应的维修。

1) 不能抽水或扬程严重不足：这大多是深井泵的轴承已损坏了，这时可拧开深井泵上的上下螺栓，再将水轮叶及转子取出来，将轴承轻轻敲出，然后换上同规格型号的轴承。

2) 密封不良：当密封盒漏油时，在进水节处会有油迹，可拧下螺栓检查油室是否已进水，若油室已进水，则必须换用新的密封盒。更换时先拆下泵盖，取下叶轮、胶木、垫片、甩水器等附件，然后卸下进水节，取下轴上的键、轴套，将密封盒的固定片卸下来后即可更换密封盒。

3) 出水管破损泄漏：更换出水管或采取补堵措施应急。

4) 启动电容失效：换上同规格的电容器。

5) 卡泵：大多为水泵叶轮被异物卡住，可拧下叶轮中心螺栓，取出叶轮清除砂石等异物。

6) 漏电：这是由于深井泵泵体内进水而造成电动机绕组漏电现象，可采用防水胶布缠绕对其作防水处理，但注意要浸泡几小时后用摇表检查绝缘，对绝缘不合要求或无修复价值的主电缆进行更换。

（十九）泥浆泵

1. 泥浆泵使用前的检查

（1）必须将泥浆泵安装在较为稳固的基础上，不得松动。

（2）泥浆泵在开启前应仔细检查泵内各个零部件之间的润滑情况、紧固状态、配合间隙等。

（3）启动前，检查项目应符合下列要求：

1）各连接部位牢固；

2）电动机旋转方向正确；

3）离合器灵活可靠；

4）管路连接牢固，密封可靠，底阀灵活有效。

2. 泥浆泵使用中的安全操作要点

（1）启动前，吸水管、底阀及泵体内应注满引水，压力表缓冲器上端应注满油。

（2）启动前应使活塞往复两次，无阻梗时方可空载启动。启动后，应待运转正常，再逐步增加载荷。

（3）应尽量避免泥浆泵的频繁倒泵，在开启或者倒泵时，要防止泵内输送介质的汽化，防止输送过程中泵内介质温度变化大，原因是温度变化大会引起泵体受热不均，从而可能会导致泵内零部件的变形、老化。

（4）运转中，应经常测试泥浆含砂量。泥浆含砂量不得超过10%。

（5）有多挡速度的泥浆泵，在每班运转中应将几挡速度分别运转，运转时间均不得少于30min。

（6）运转中不得变速；当需要变速时，应停泵进行换挡。

（7）运转中，当出现异响或水量、压力不正常，或有明显温升时，应停泵检查。

（8）在正常情况下，应在空载时停泵。停泵时间较长时，应全部打开放水孔，并松开缸盖，提起底阀放水杆，放尽泵体及管道中的全部泥砂。

（9）泥浆泵在使用中应注意：

1）泥浆泵在输送较高温度的介质时，启动前应当进行充分的暖泵，当泵体的温度与输送介质温度一致的情况下，方可启动泵；

2）此外，用手转动电动机或皮带轮，检查转动时内部的障碍情况，视情况调整皮带松紧的程度；另外要注意检查是否有脏物堵塞进水管、出水管，给轴承加注黄油，检查底阀是否关闭严密、开闭自如；检查各个部分的密封件的密封情况，防止漏水、漏气等。

3. 泥浆泵的维护保养

（1）长期停用时，应清洗各部泥砂、油垢，将曲轴箱内润滑油放尽，并应采取防锈、防腐措施。

（2）泥浆泵的日常维护和保养最好是由专门的人员负责，要配备常用的易损坏的零部件，以备不时之需，定期进行检查和维护泥浆泵的各个零部件，遇到问题时能够及时解决，尽量避免泥浆泵在运行过程中出现问题，造成损失。

（3）如何能够做好泥浆泵的维护保养，需要能够保证润滑油的油量、油质清洁，每月需放出部分油底并补充部分新油，并保证每六个月能够换油一次。轴承组件内干净无尘，检查轴承各部位的温度变化情况，是否有异常的响声，如若温度过高会烧坏轴承。经常检查活塞和缸套的工作情况，以能够及时更换活塞。检查阀盖以及缸盖密封圈的使用情况，检查阀座、阀体、阀胶皮的磨损冲蚀情况，能够及时更换，检查泥浆振动筛、除泥器、除砂器、砂泵的工作情况是否正常。检查安全阀的活塞和安全销，及时更换主动轴上装配的安全阀的保险销，以确保泥浆泵在钻井作业工况下能够安全运行。泥浆泵每隔两年需要进行一次全面解体检查，检测轴承的间隙，进行维护修理或者直接更换，还要定期对泥浆泵进行盘泵，以期能够延长泥浆泵的使用寿命。

（二十）真空泵

1. 真空泵使用前的检查

（1）真空室内过滤网应完整，集水室通向真空泵的回水管上的旋塞开启应灵活，指示仪表应正确，进出水管应按出厂使用说明要求连接。

（2）启动前准备检查：

1）检查皮带松紧程度，启动前可以松一些，启动后调节底座上的调节螺栓，慢慢拉紧，以减少动力距；

2）检查各个部件部分有无松动，接地是否正确；电动机转向是否同泵的要求符合；

3）检查油箱内的油位是否处于油镜的一大半左右；

4）对于长期未工作的泵，启动前用手转动或间接启动电动机的方法，检查转动是否灵活；

5）打开冷却水阀；

6）如油镜油位与停车时油位有显著差异时，必须用手转动皮带轮，使泵腔内的存油排到油箱后才能启动；在真空状态下，同时较多的存油留在泵腔内时，本泵不允许启动。

2. 真空泵使用中的安全操作要点

（1）启动后，应检查并确认电动旋转方向与罩壳上箭头指向一致，然后应堵住进水口，检查泵机空载真空度，表值不应小于96kPa。当不符合上述要求时，应检查泵组、管道及工作装置的密封情况。有损坏时，应及时修理或更换。

（2）作业开始即应计时量水，观察机组真空表，并应随时做好记录。

（3）运行中的注意事项：

1）运行中必须严格按照各类泵的技术规格使用，泵不允许长时间超过允许最高入口压力情况下工作；

2）注意电动机负荷和泵的各部位温升情况。在正常情况下，泵的最高温升不得超过40℃，最高温度不得超过80℃；

3）运转中不应有不规则异常振动；

4）如发现在运转中有电动机过载，温升过高，声音异常，振动大等情况应立即停机检查原因，排除故障。

（4）启动停车：

1）检查冷却水是否接通，油位是否正常；

2）泵启动，打开泵进油阀，5～6min后关闭左侧进油阀，以免负荷急剧增加；

3）停车，关闭进气管路上的进气阀；

4）关闭进油阀；

5）打开充气阀或气镇阀，破坏腔内真空。

3. 真空泵的维护和保养

为了有效地延长机器的使用寿命提高工作效率，平时要注意做好真空泵的维护和保养工作。

（1）真空泵是需要定期更换真空泵油的；

1）新泵工作150h换油一次，以后每2～3月换油一次，如果使用条件不好，真空下降时，可缩短换油时间；

2）真空泵油必须保持每次使用时是清晰的不能出现浑浊或起泡沫的现象，当油静止沉淀时不会有乳白色物质，如果有则表明有外来物质进入，需要更换新油；每周检查一次油位及油的颜色，如果油位低于最小标记，请加油，如果油位超过最大标记，则放掉部分油；如果冷凝物过多而稀释了真空泵油，这就需要更换真空泵油，必要时还需更换气镇阀。

（2）每月对排气过滤器与进气过滤器检查一次，每年需要更换一次排气过滤器，可用压缩空气清洗。每隔半年需要清洗一次真空泵内的污垢或灰尘，对风扇轮、冷却翅片、通风格栅以及风扇引擎罩进行清洗，建议使用压缩空气清洗。

（3）经常注意冷却水和油的温度，最高不得超过85℃，冷却水进水温度不超过30℃，出水温度不超过45℃，且保持水质清洁。

（4）应保持泵及泵房的干燥清洁。

参 考 文 献

[1] 江苏省华建建设股份有限公司等，建筑机械使用安全技术规程(JGJ 33—2012). 北京：中国建筑工业出版社，2012.

[2] 张明成．建筑工程施工机械安全便携手册．北京：机械工业出版社，2006.

[3] 建设部干部学院．建筑施工机械．武汉：华中科技大学出版社，2009.

[4] 陈裕成．建筑机械与设备．北京：北京理工大学出版社，2009.

[5] 王刚领．机械员工作实务手册．长沙：湖南大学出版社，2008.

[6] 李世华．建筑(市政)施工机械．北京：机械工业出版社，2008.

[7] 查辉．建筑机械．合肥：安徽科学技术出版社，2011.

[8] 安书科，翟书燕．建筑机械使用与安全管理．北京：中国建筑工业出版社，2012.

[9] 线登洲，刘承华．建筑施工常用机械设备管理及使用．北京：中国建筑工业出版社，2008.